BLACK SWAN 黑天鹅图书

为 人 生 提 供 领 跑 世 界 的 力 量

BLACK SWAN

创意涂色

MYSTÈRES

数字油画

［法］热雷米·玛丽埃 绘　李军麋 译
Jérémy Mariez

北京联合出版公司
Beijing United Publishing Co.,Ltd.

图书在版编目（CIP）数据

创意涂色. 数字油画 /（法）玛丽埃绘；李军麇译. —北京：
北京联合出版公司，2015.9
ISBN 978-7-5502-6011-5

Ⅰ. ①创… Ⅱ. ①玛… ②李… Ⅲ. ①心理学—图集
Ⅳ. ①B84-64

中国版本图书馆CIP数据核字（2015）第188166号

北京市版权局著作权合同登记 图字：01-2015-5132

创意涂色. 数字油画
绘　　者：（法）热雷米·玛丽埃
译　　者：李军麇
责任编辑：王　巍
装帧设计：齐海洋

北京联合出版公司出版
（北京市西城区德外大街83号楼9层　100088）
北京鹏润伟业印刷有限公司印刷　新华书店经销
字数3千字　　889毫米×1194毫米　1/16　　8印张
2015年9月第1版　　2015年9月第1次印刷
ISBN　978-7-5502-6011-5
定价：48.00元

数字油画

沉沦于平日疯狂的生活节奏中，您似乎再也无法回归专注，并重新找回内心的平静。是时候给予自己自我表达的空间了：这本创作书中推荐了100幅神秘涂色及色点联结图。在一幅草稿般的画中，请在每个标有数字的格子里，尝试依次给不规则的图形涂上颜色。放松身心，为自己创作的作品惊叹吧。

快来一起重温孩提时代的游戏，迸发出无穷的创造力吧！

1

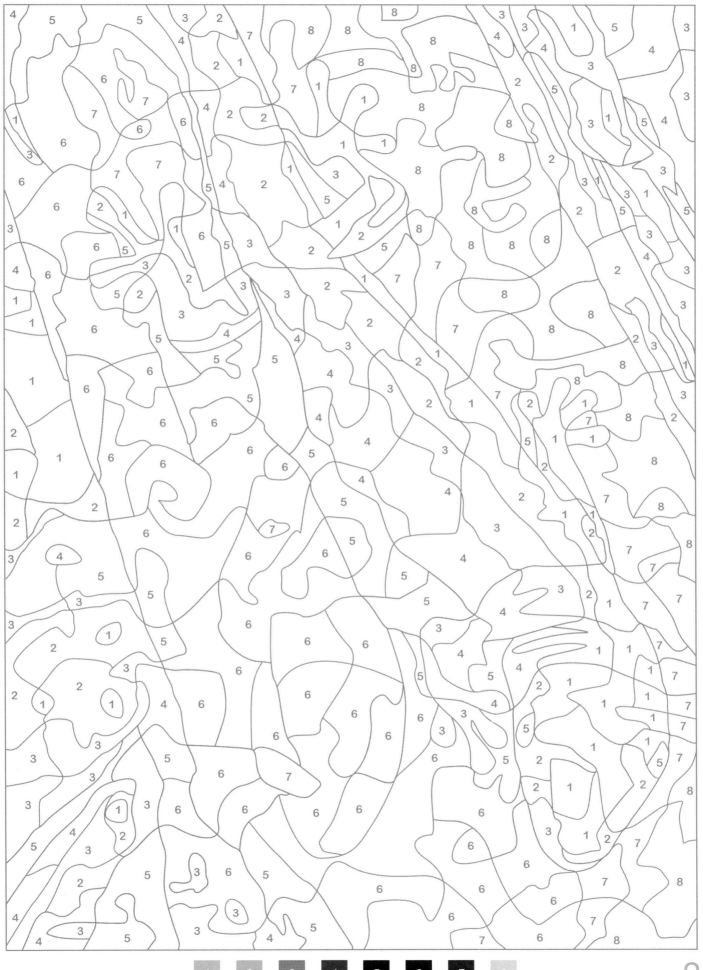

2

3

1 2 3 4 5 6

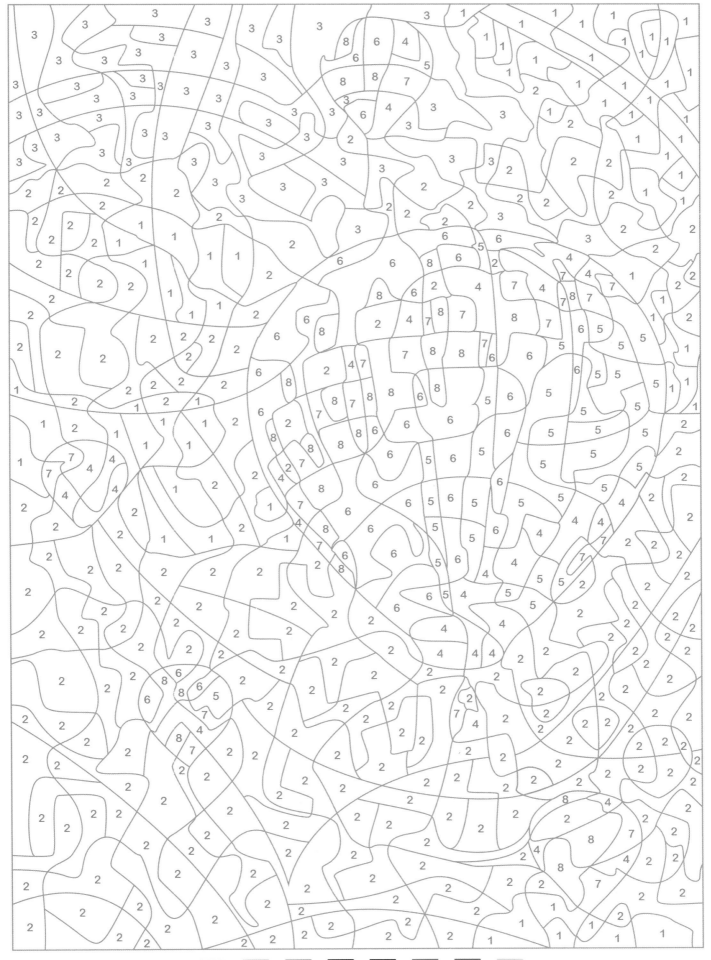

1 2 3 4 5 6 7 8

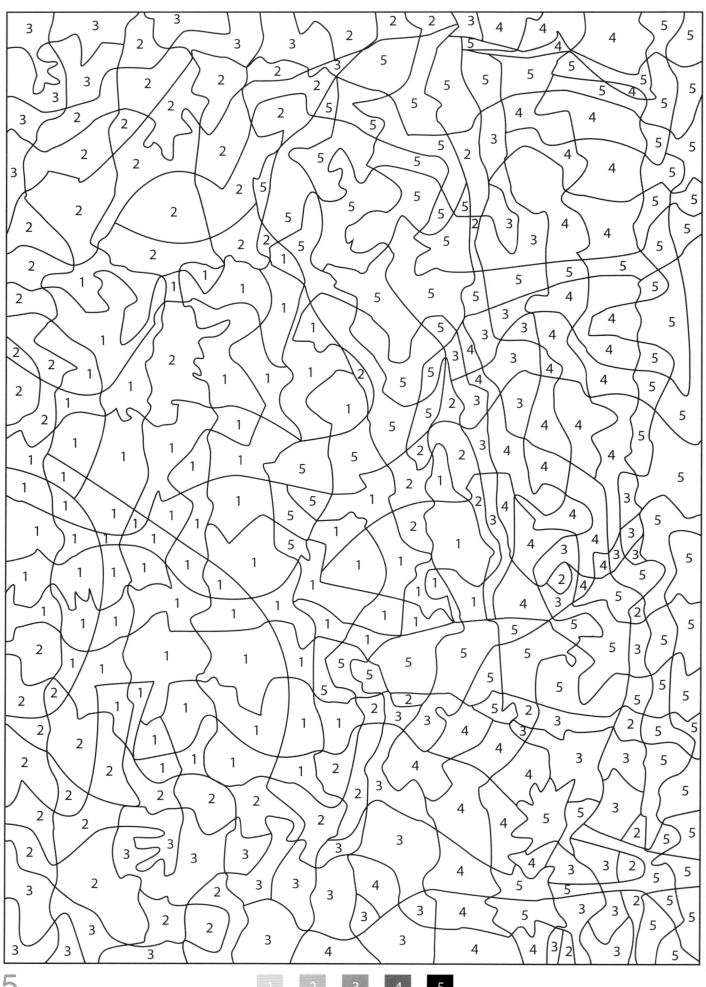

5

1 2 3 4 5

6

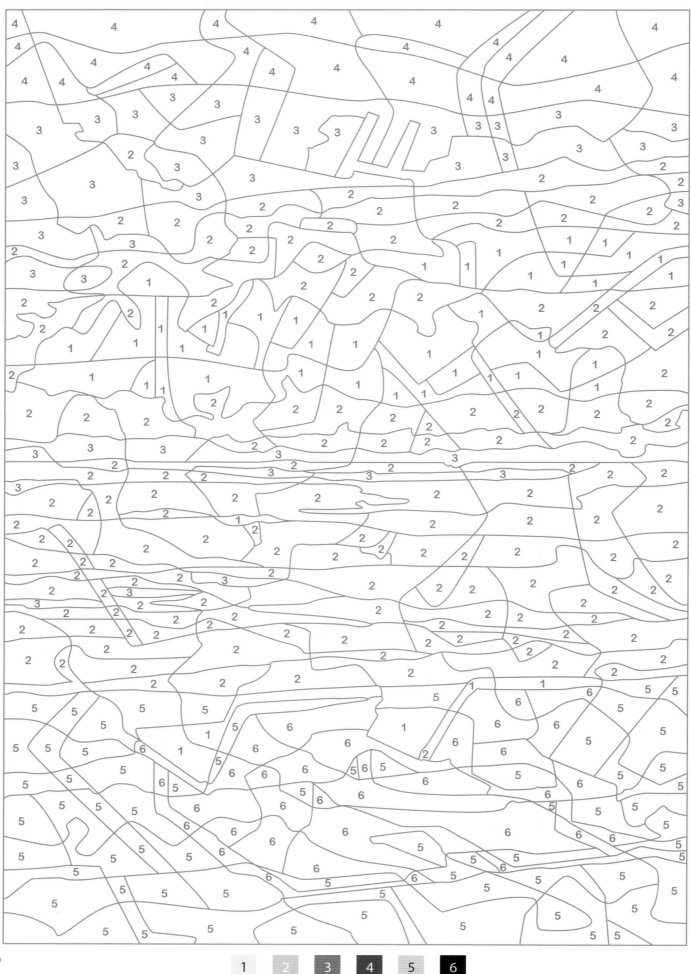

7

| 1 | 2 | 3 | 4 | 5 | 6 |

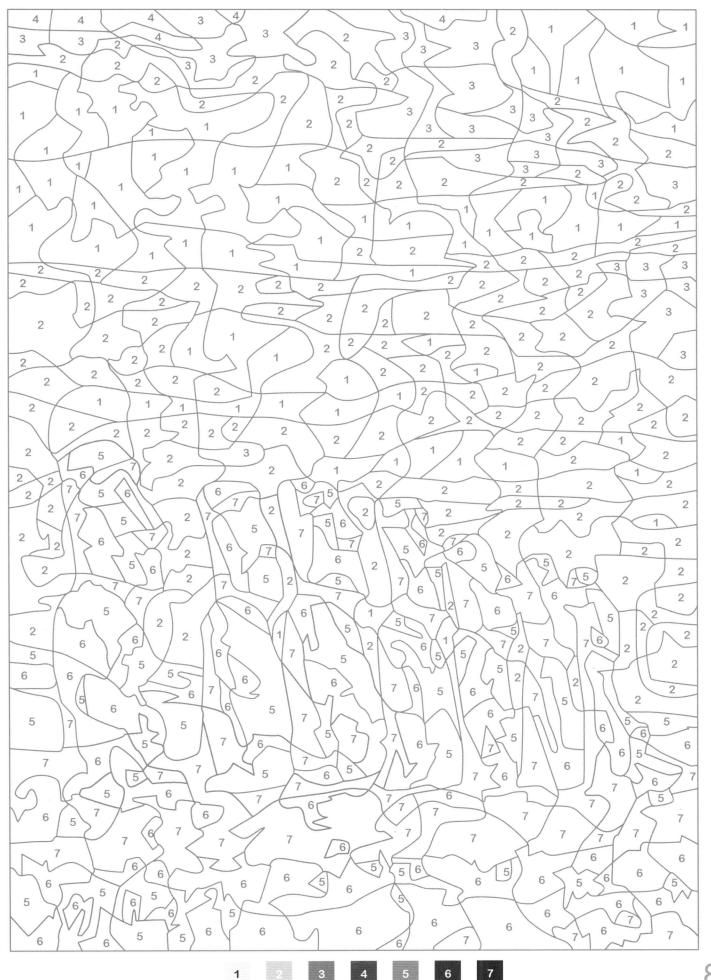

1 2 3 4 5 6 7

9

1 2 3 4 5 6 7 8

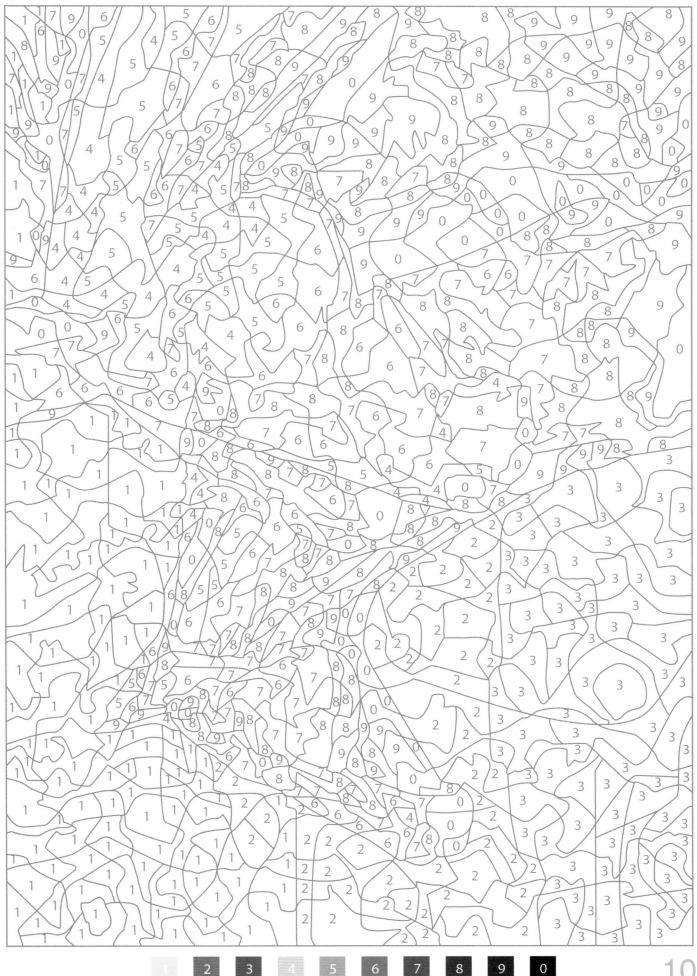

1 2 3 4 5 6 7 8 9 0

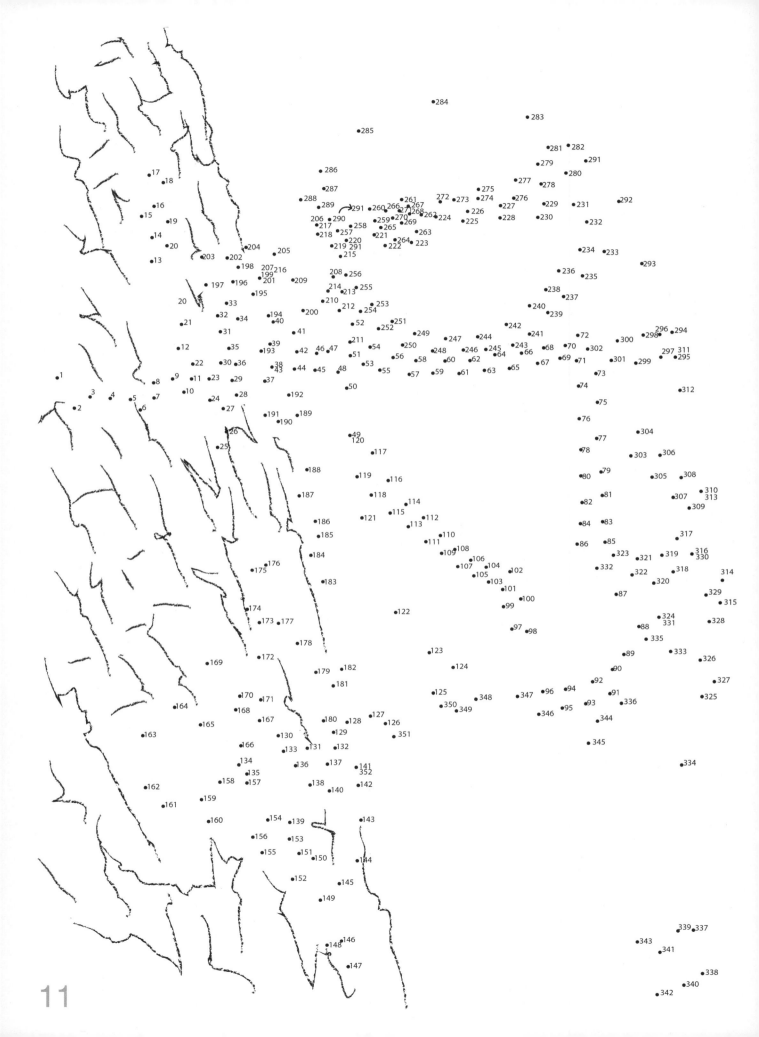

11

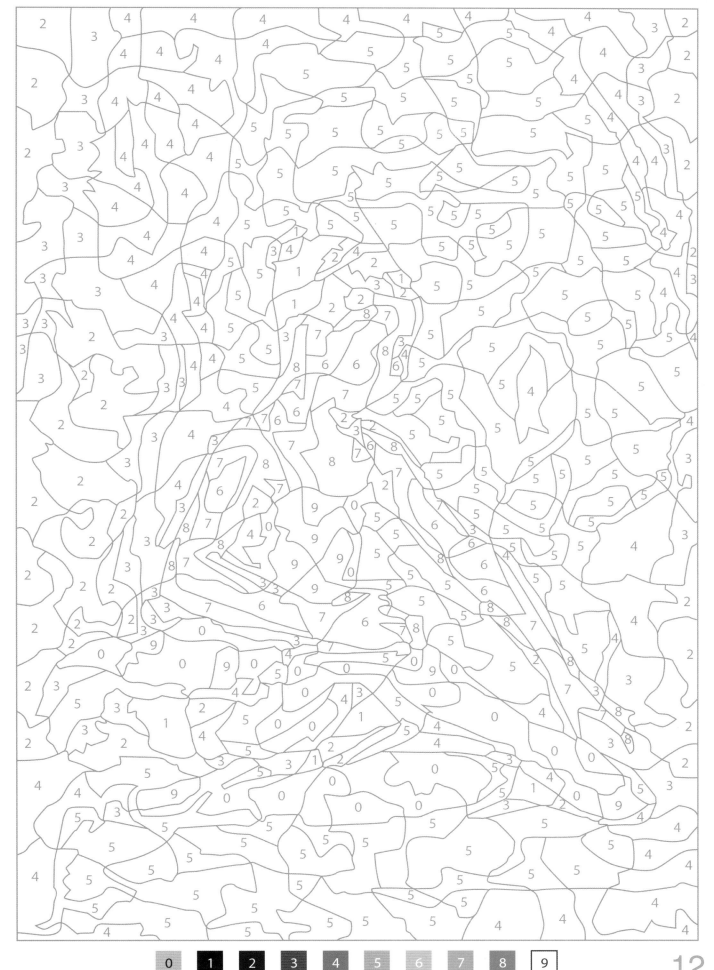

0 1 2 3 4 5 6 7 8 9

12

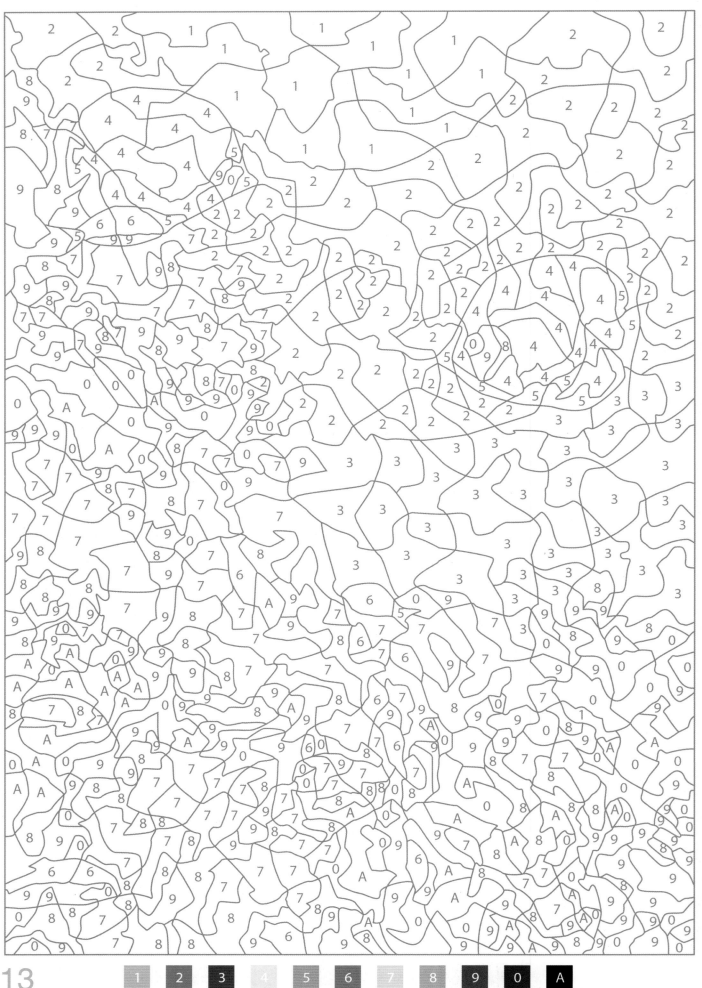

1 2 3 4 5 6 7 8 9 0 A

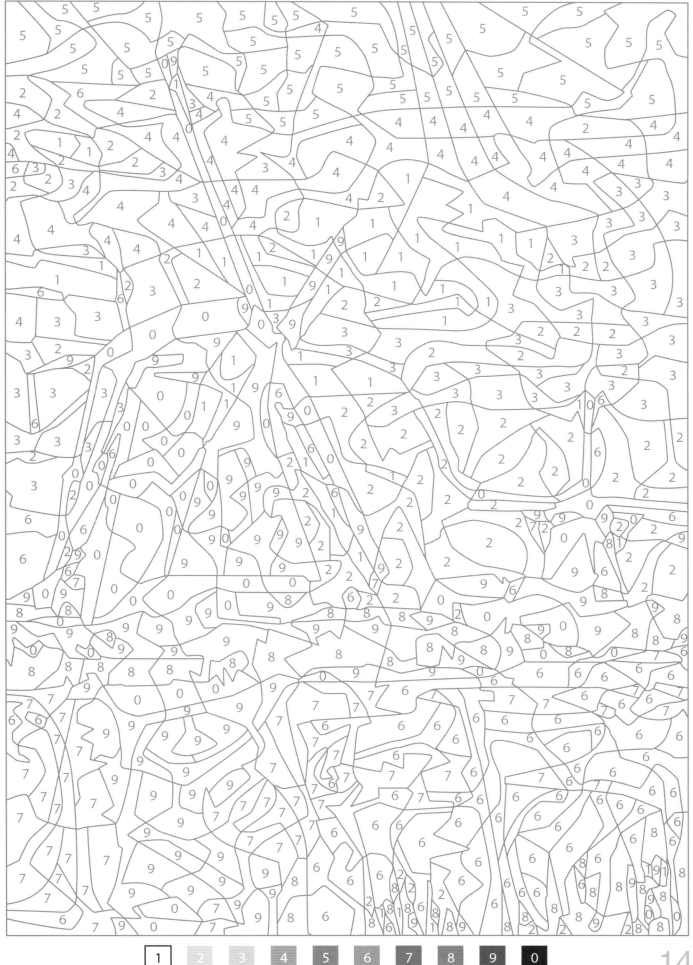

1 2 3 4 5 6 7 8 9 0

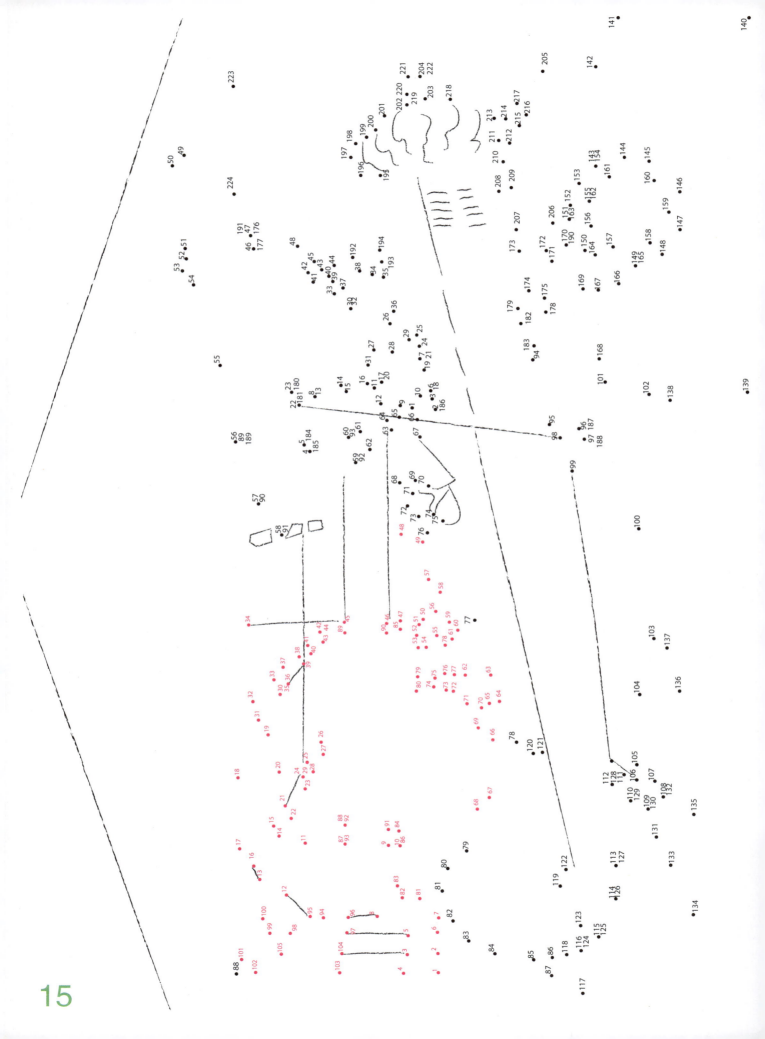

15

16

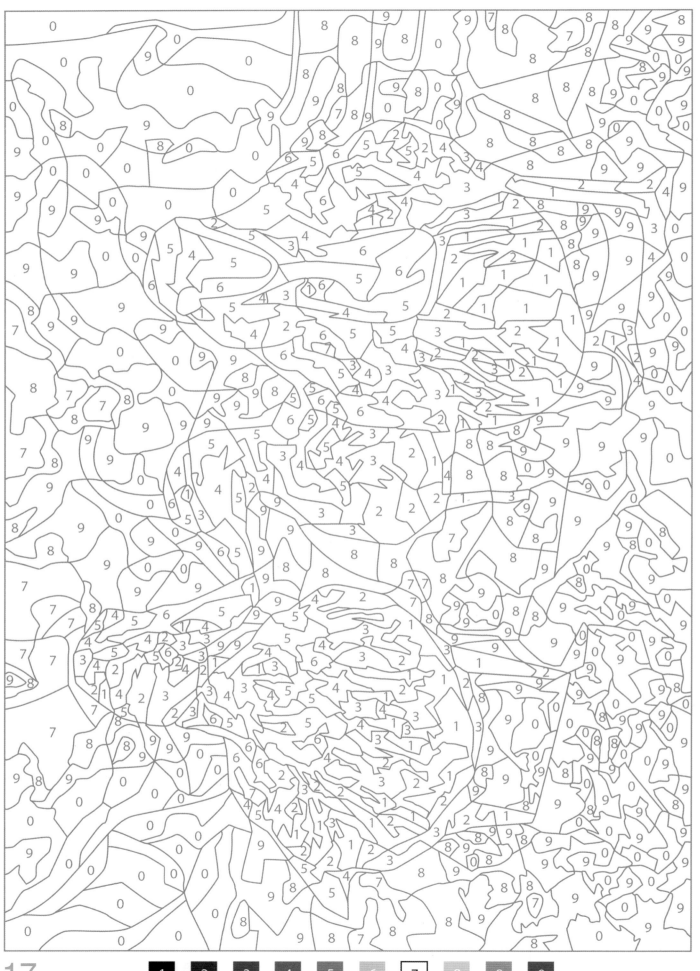

1 2 3 4 5 6 7 8 9 0

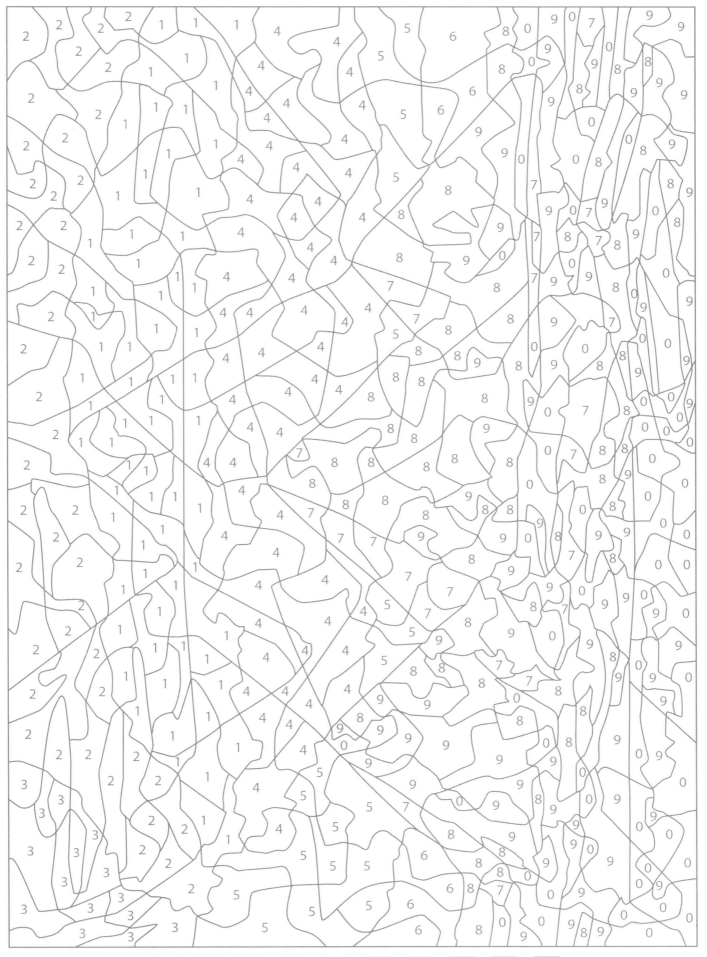

1 2 3 4 5 6 7 8 9 0

19

1 2 3 4 5 6 7 8 9

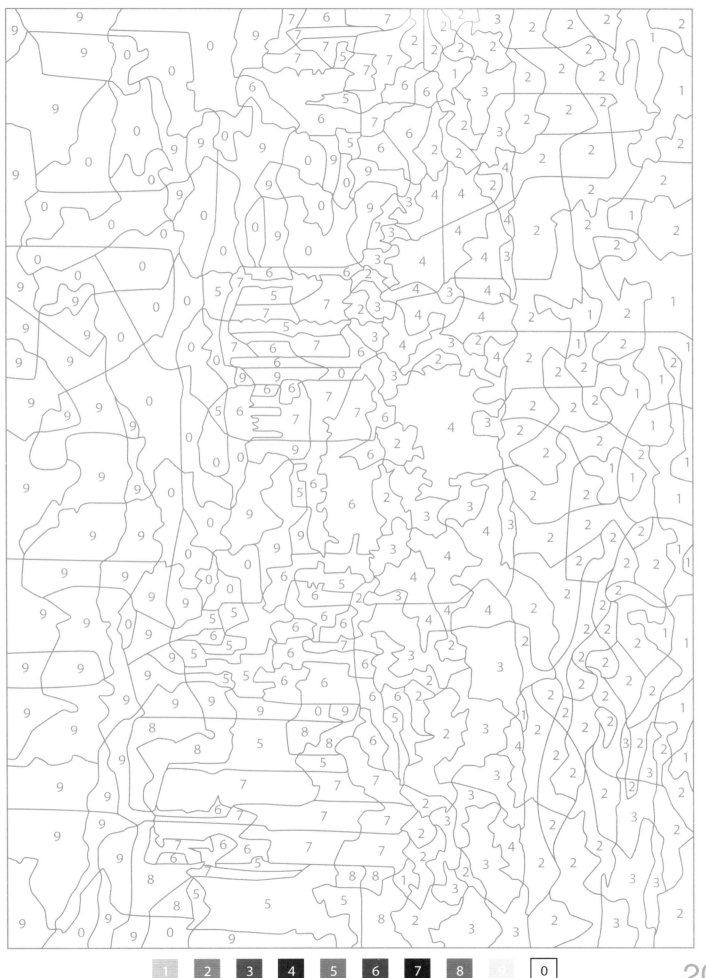

1 2 3 4 5 6 7 8 9 0

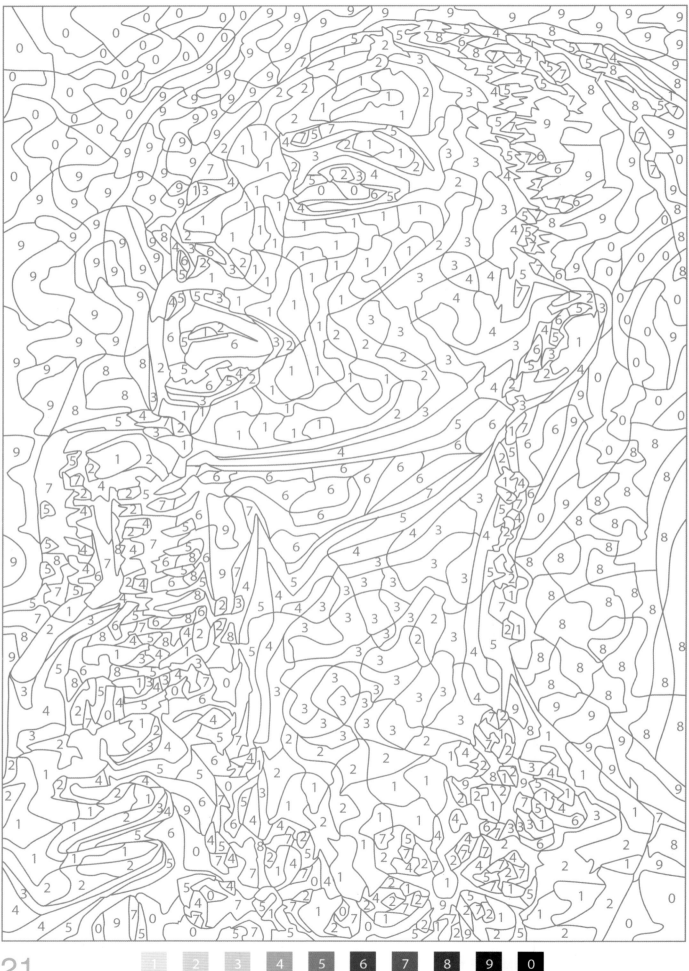

1 2 3 4 5 6 7 8 9 0

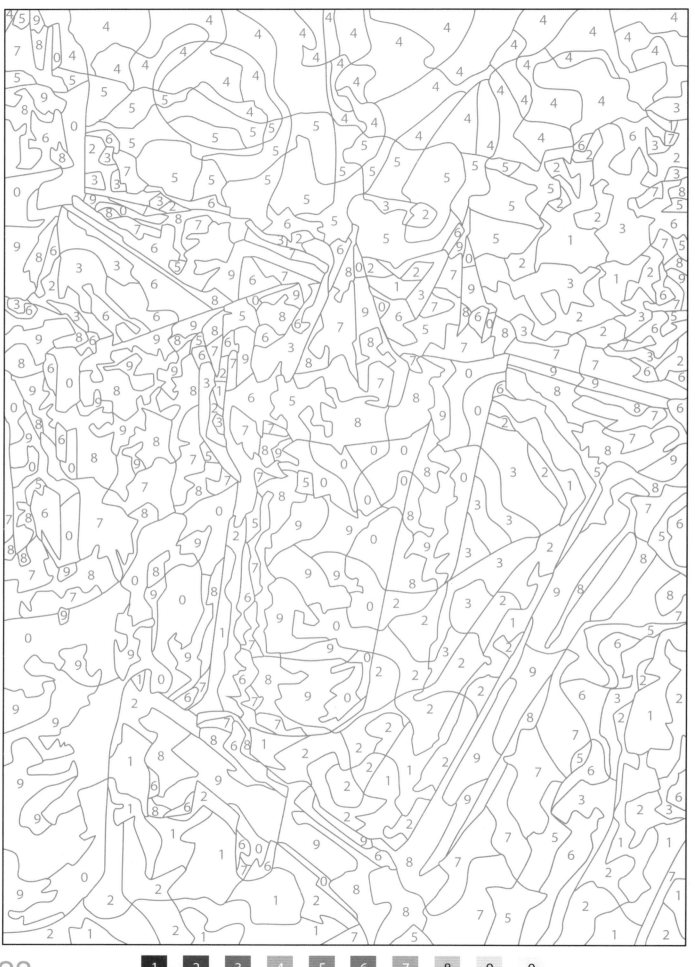

23

| 1 | 2 | 3 | 4 | 5 | 6 | 7 | 8 | 9 | 0 |

24

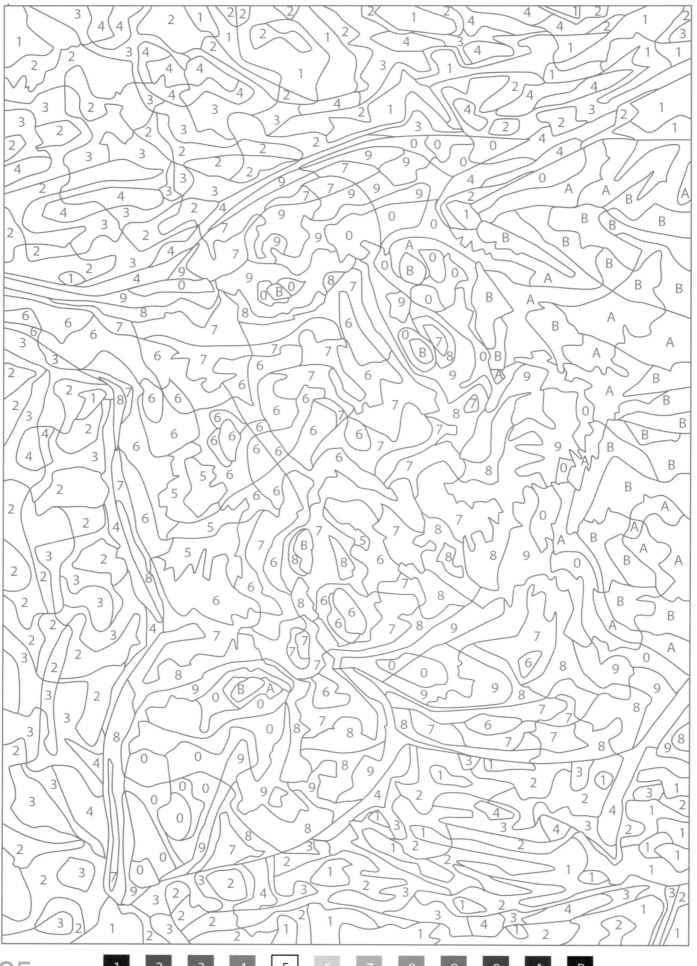

1 2 3 4 5 6 7 8 9 0 A B

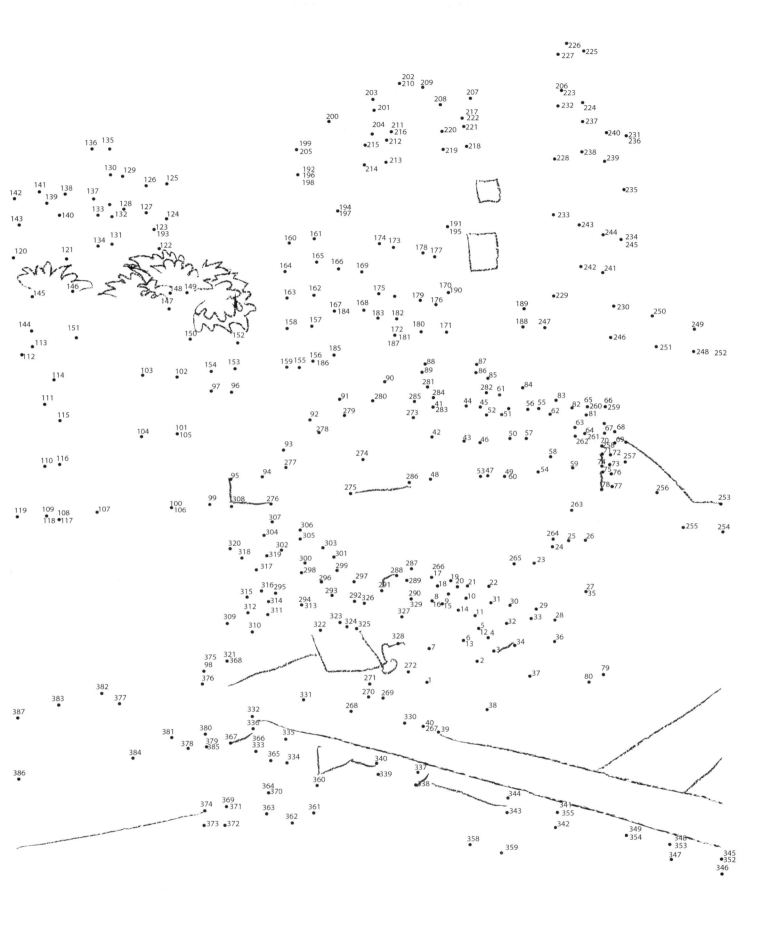

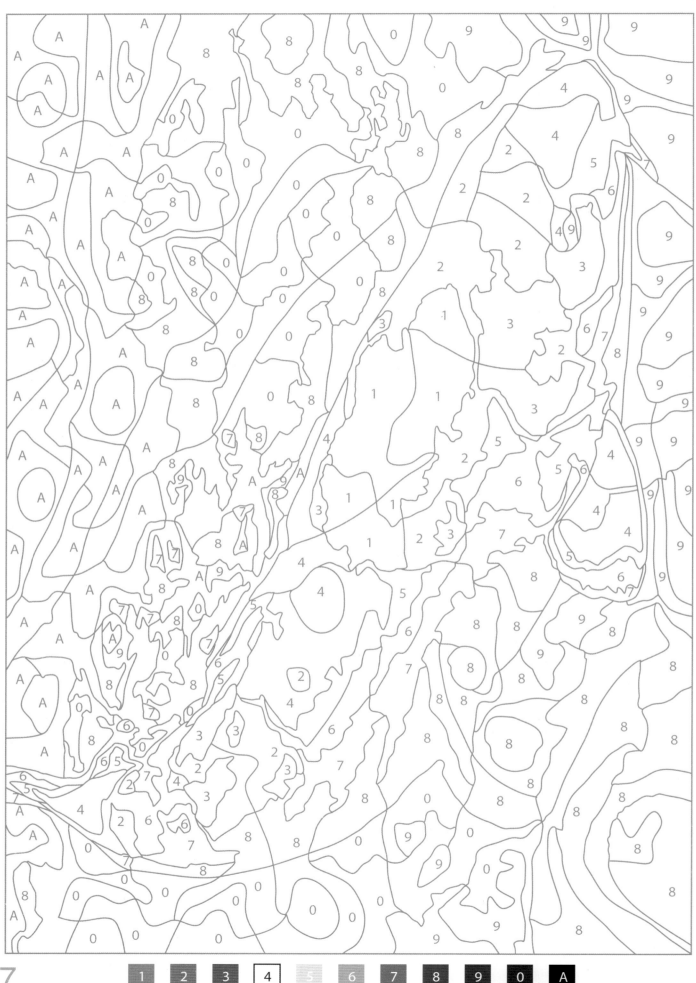

1 2 3 4 5 6 7 8 9 0 A

28

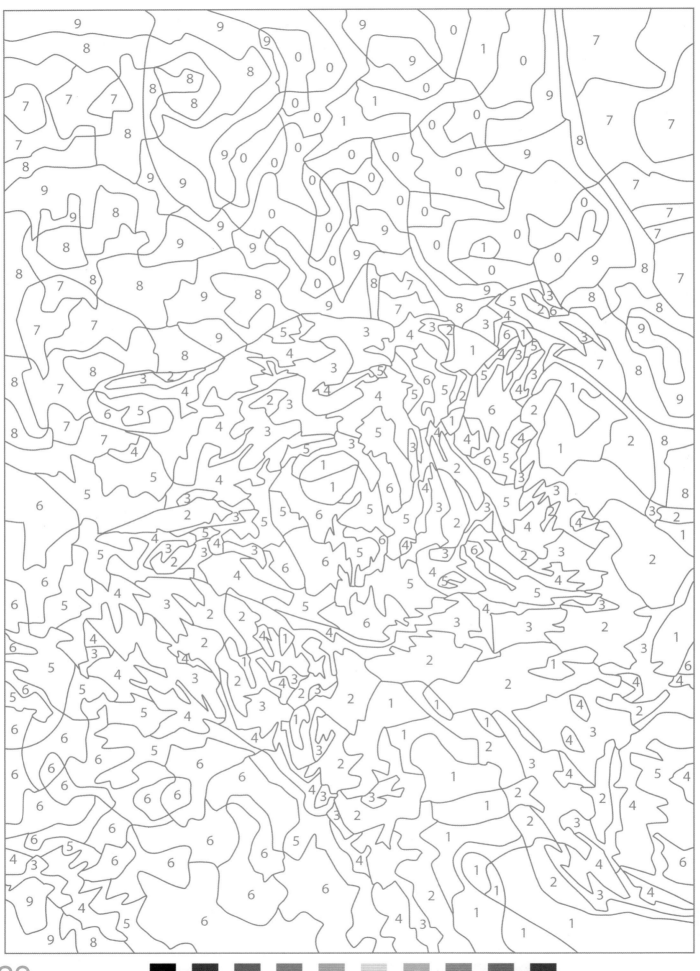

29

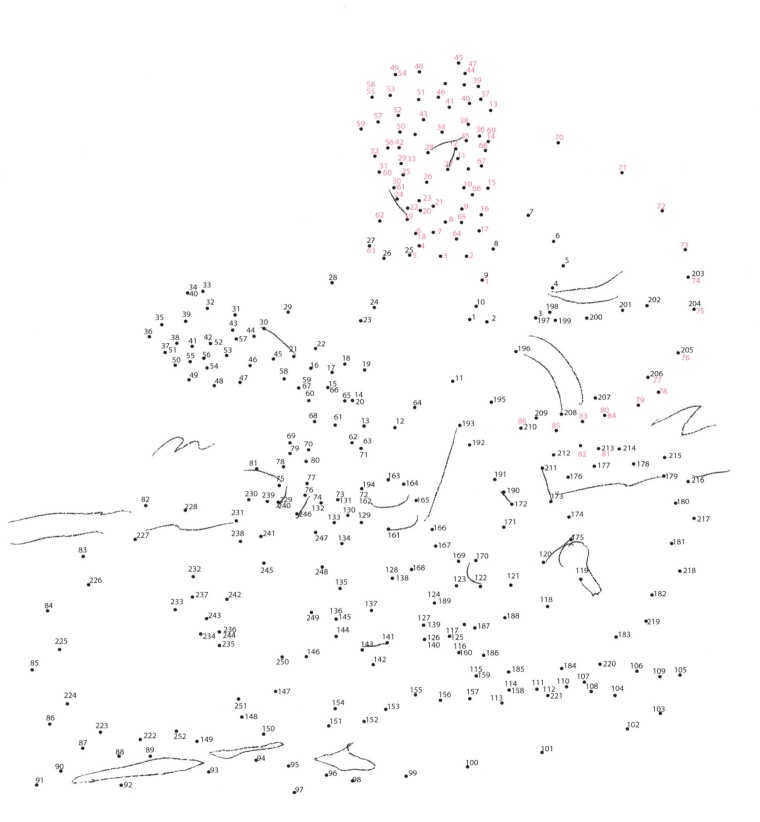

30

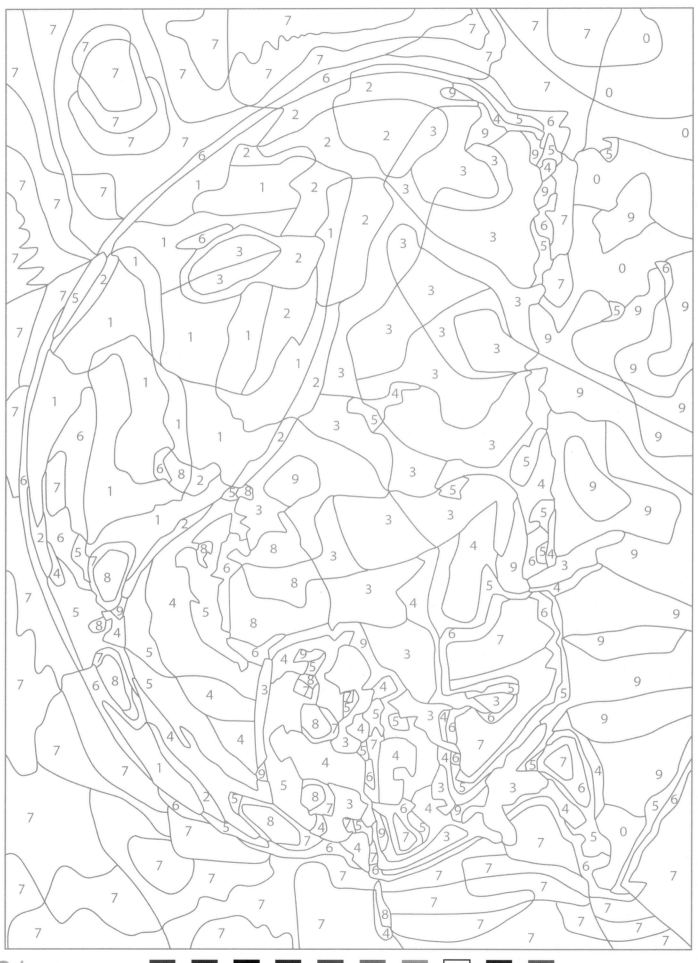

1 2 3 4 5 6 7 8 9 0

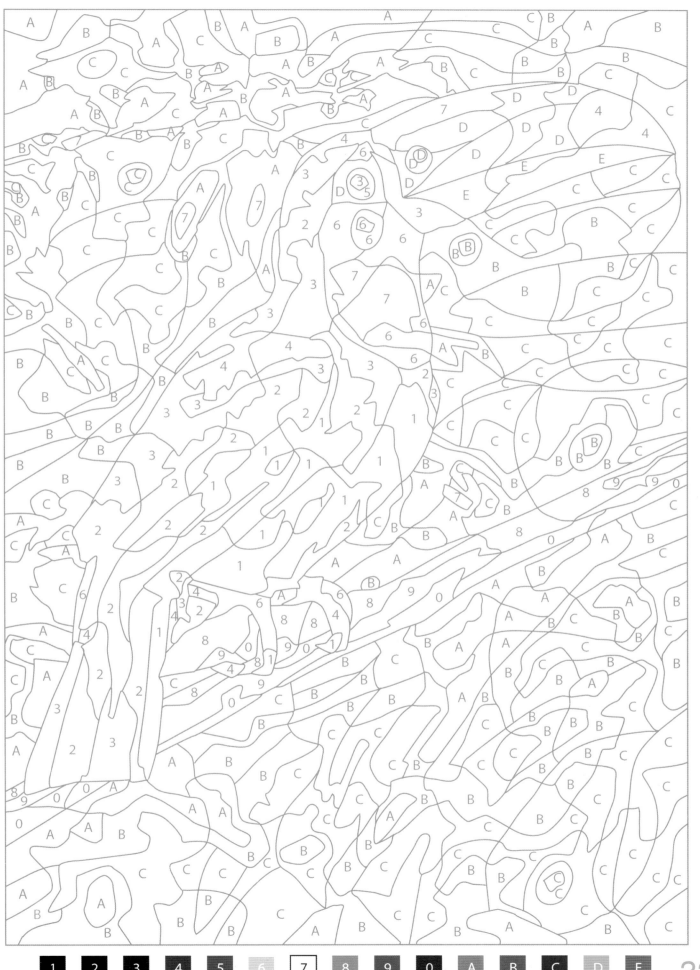

1 2 3 4 5 6 7 8 9 0 A B C D E

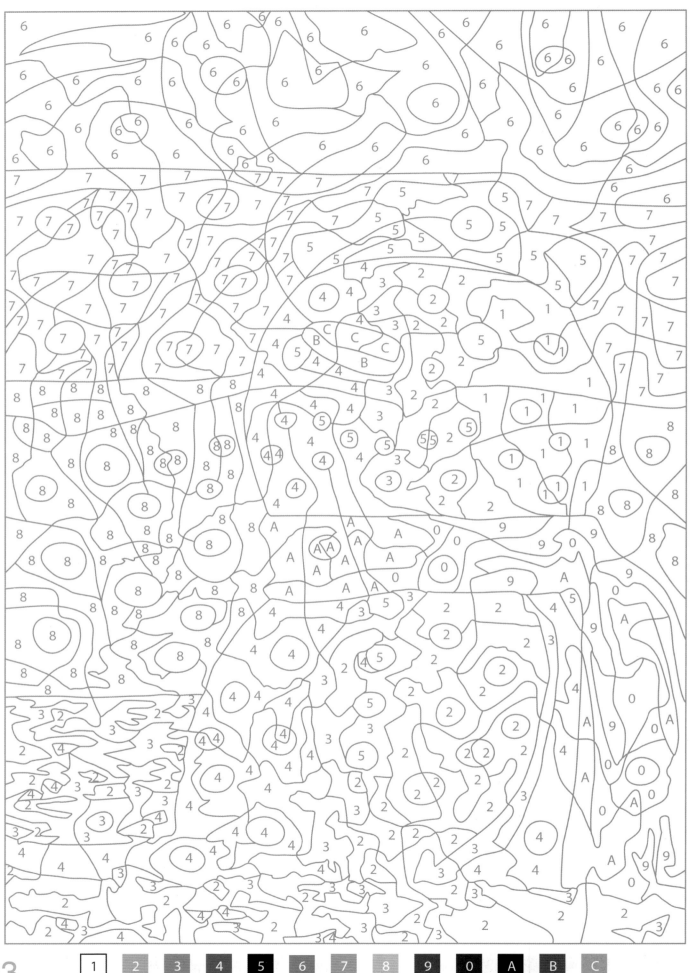

1 2 3 4 5 6 7 8 9 0 A B C

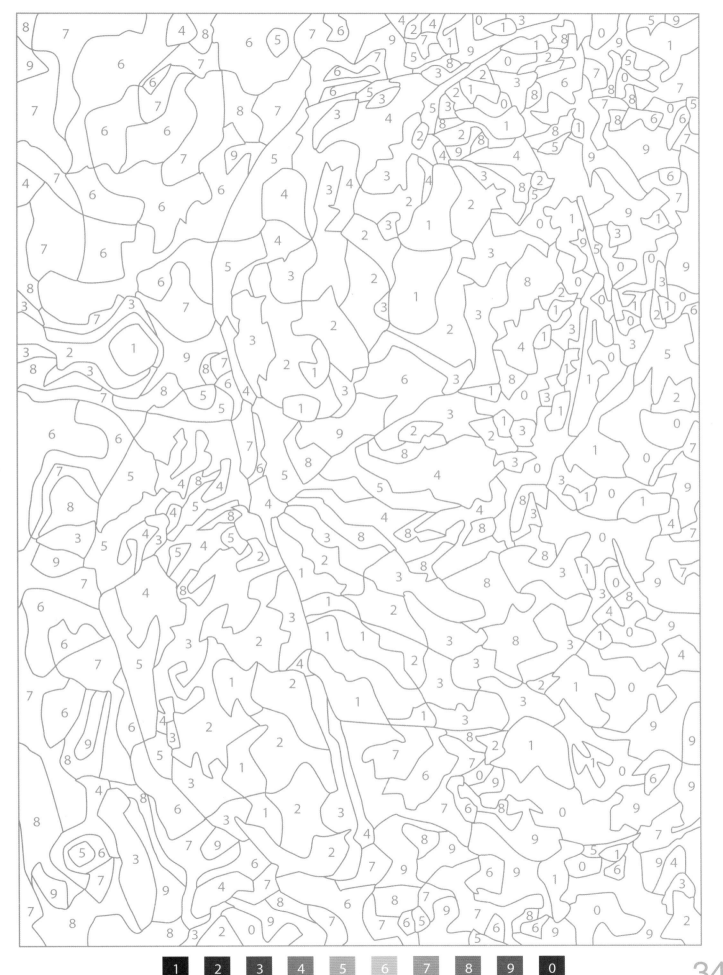

1 2 3 4 5 6 7 8 9 0

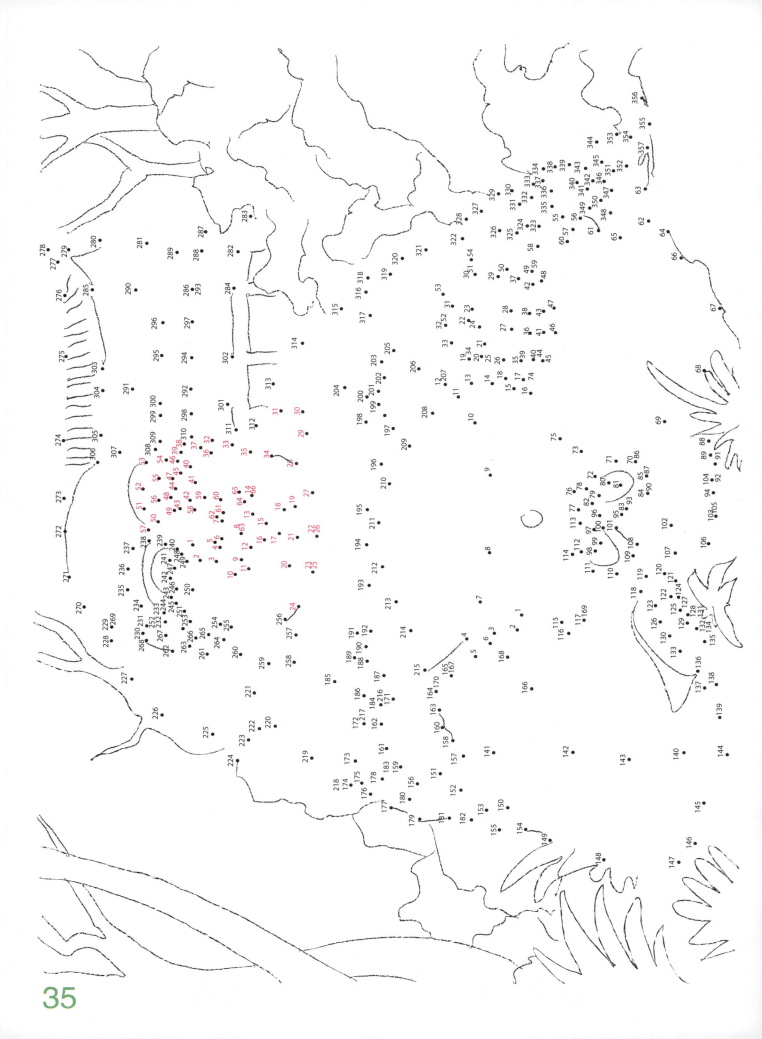

35

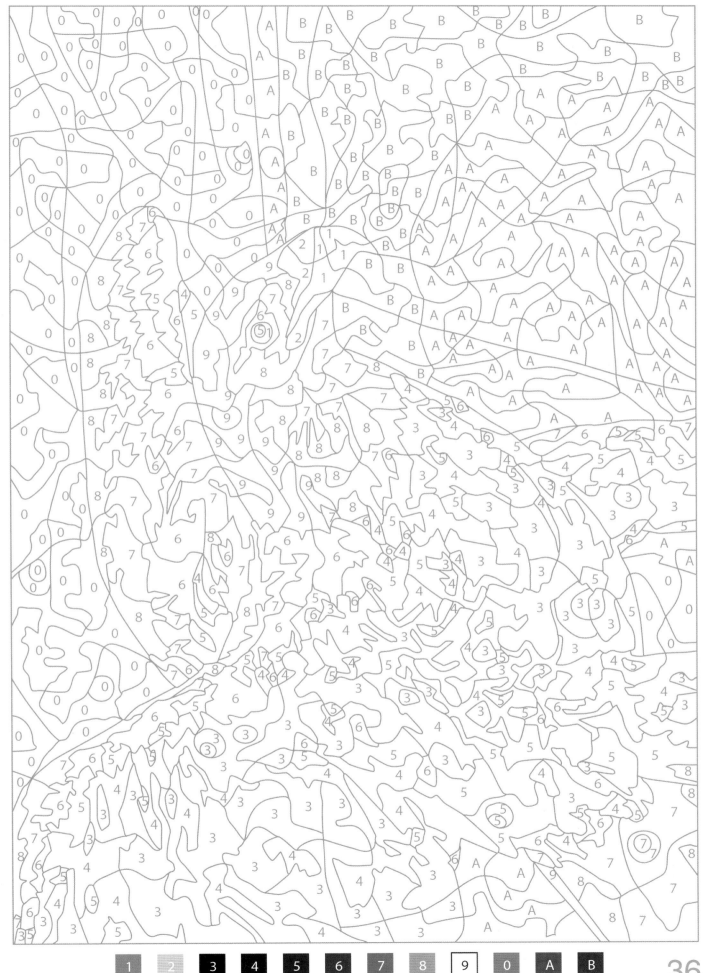

1 2 3 4 5 6 7 8 9 0 A B

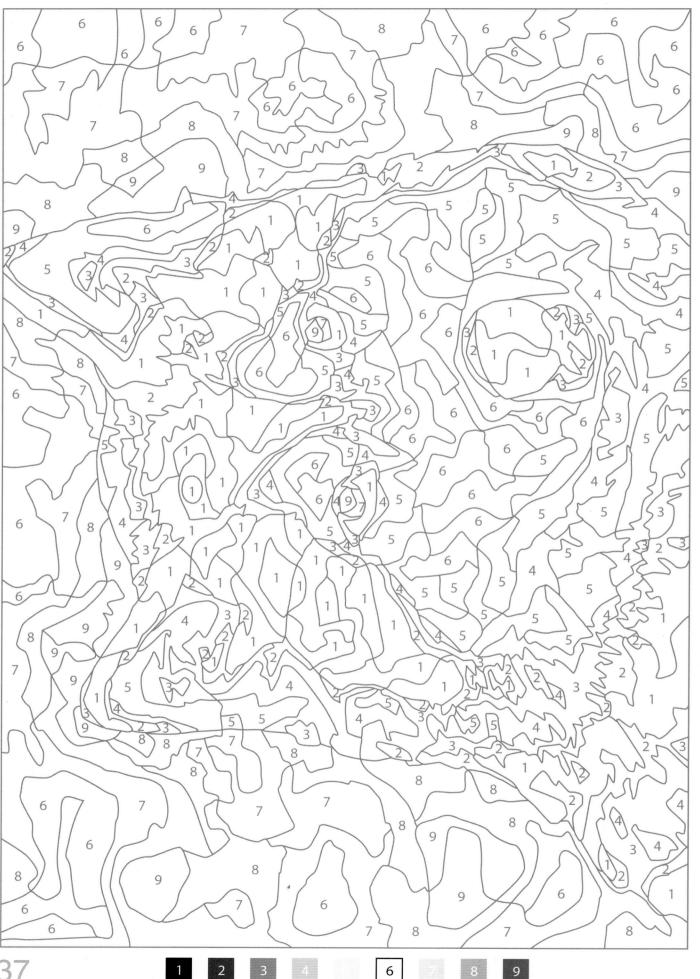

1 2 3 4 5 6 7 8 9

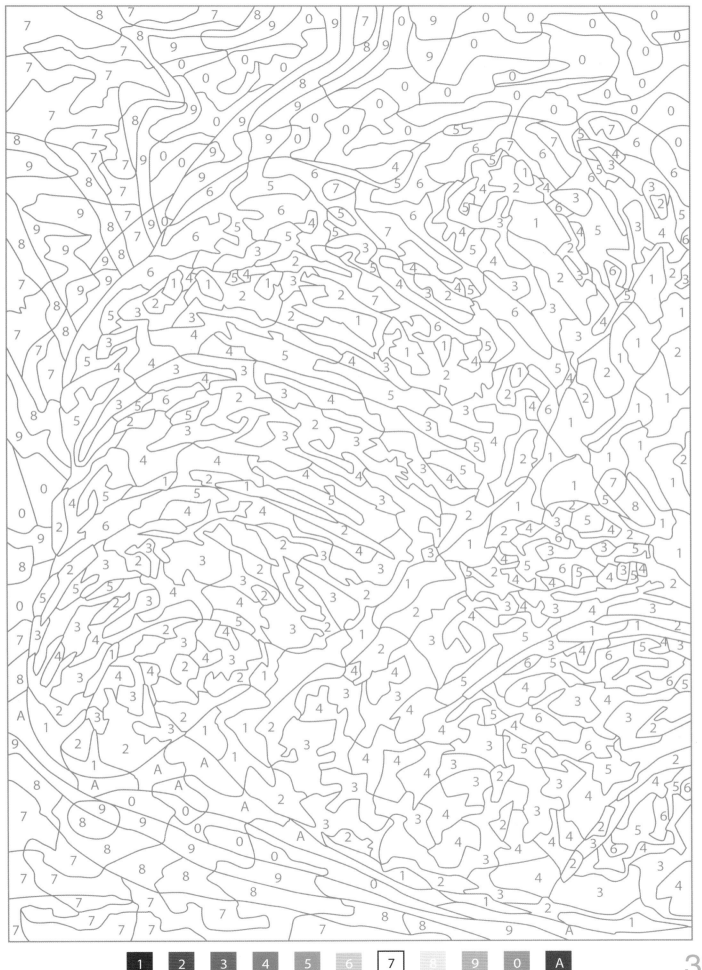

38

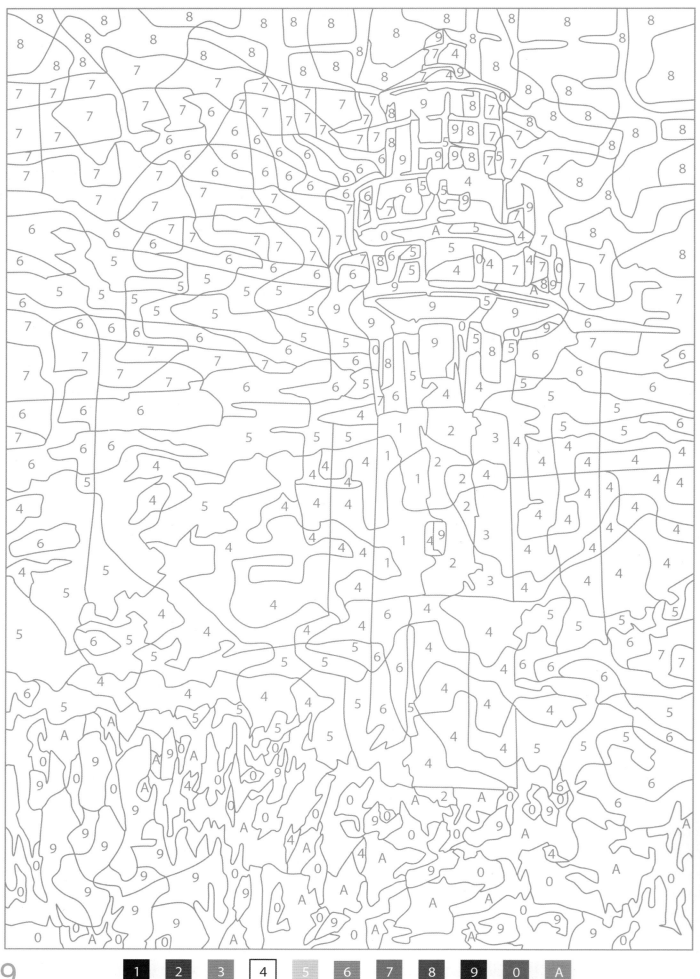

1 2 3 4 5 6 7 8 9 0 A

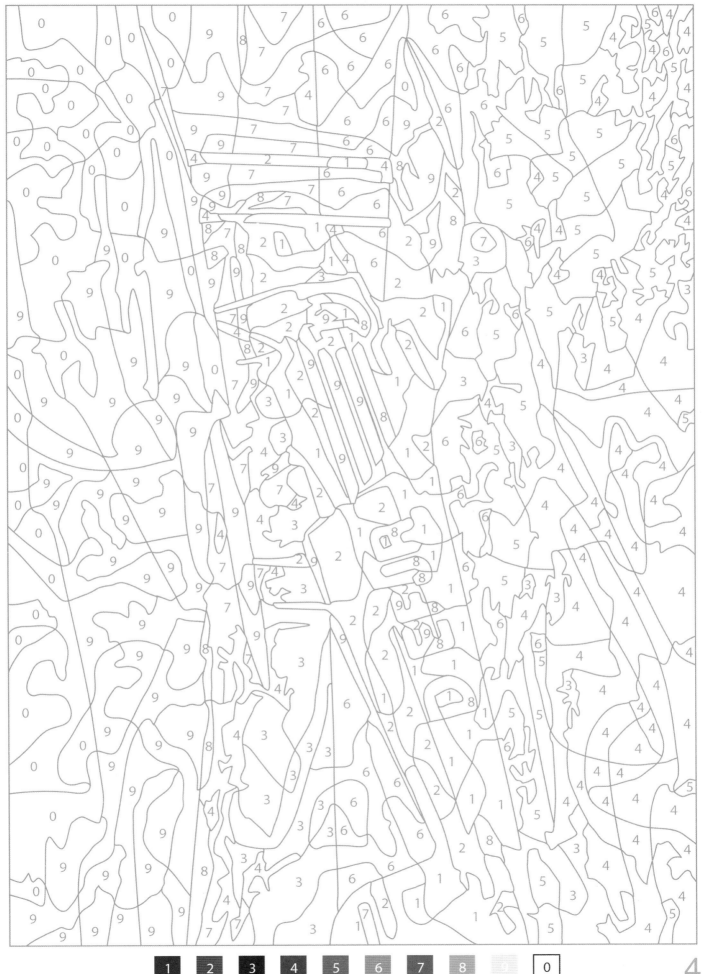

1 2 3 4 5 6 7 8 9 0

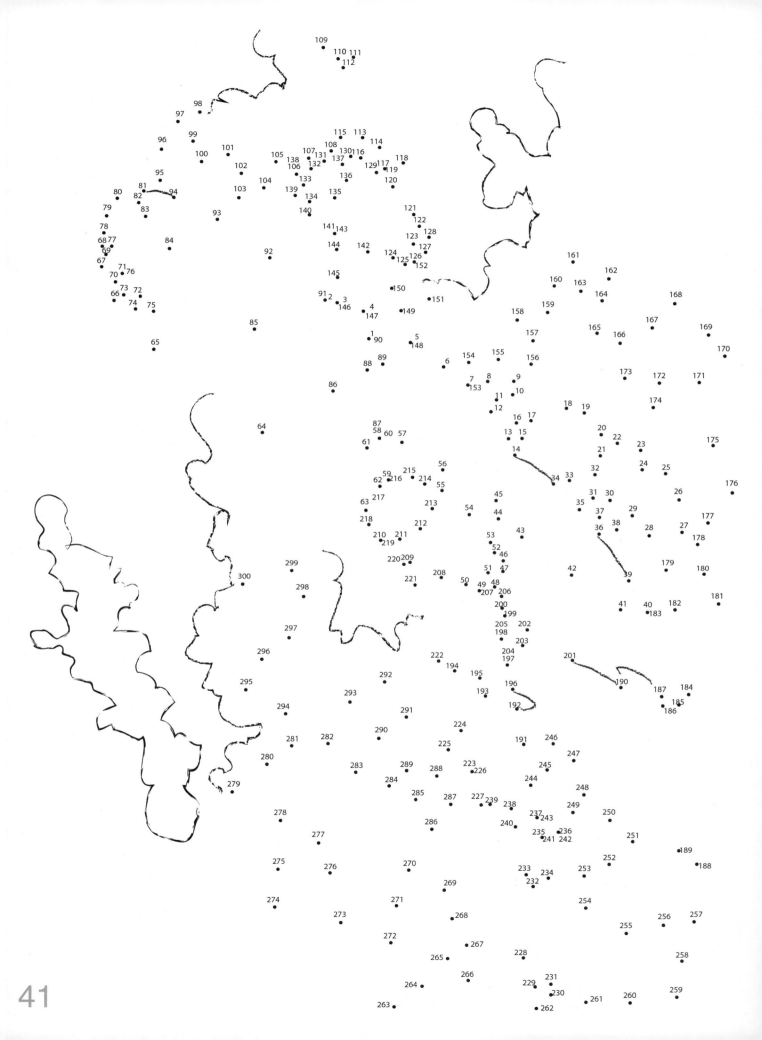

41

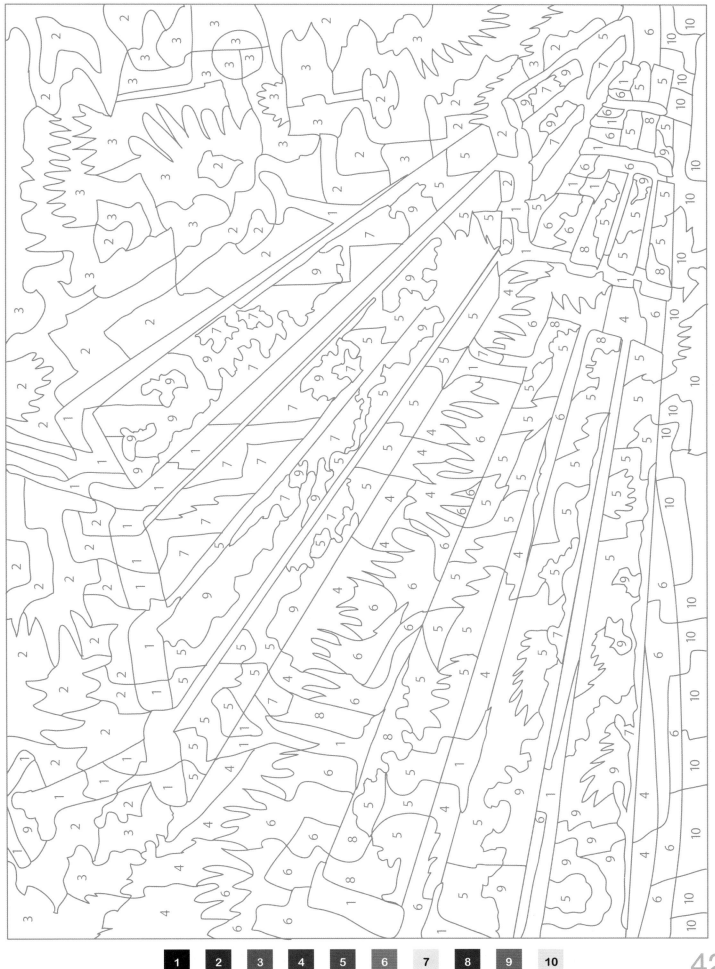

1 2 3 4 5 6 7 8 9 10

43

| 1 | 2 | 3 | 4 | 5 | 6 | 7 | 8 | 9 |

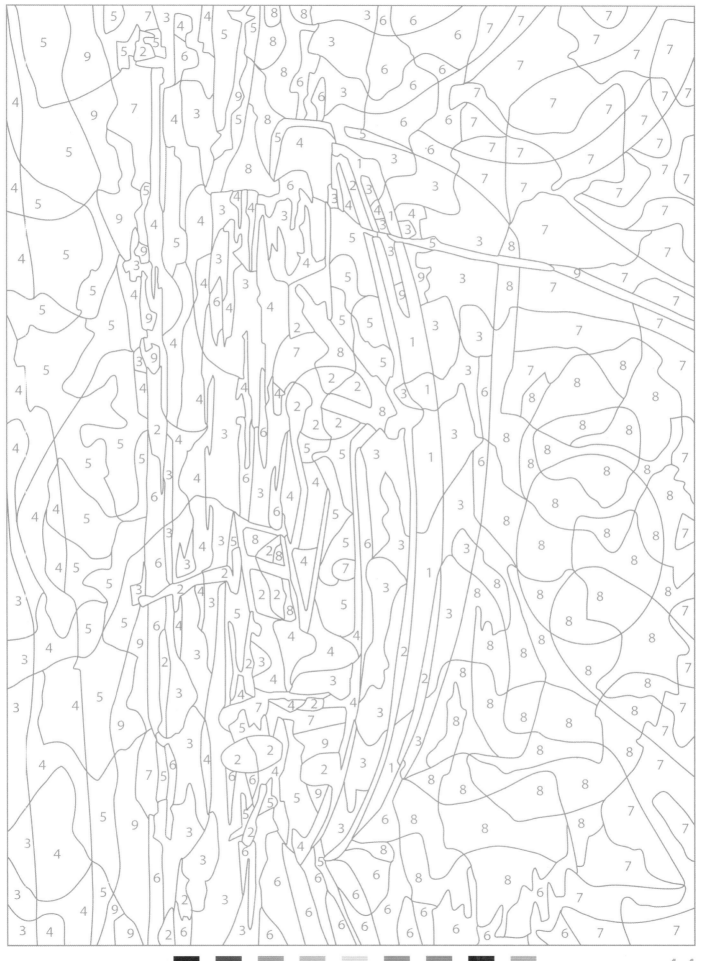

1 2 3 4 5 6 7 8 9

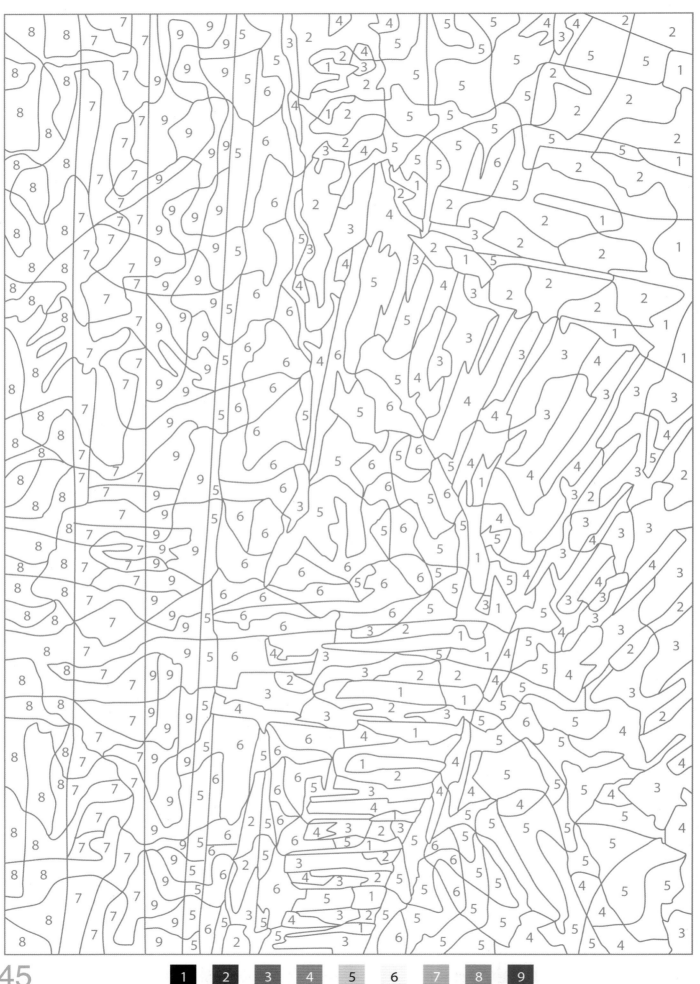

1 2 3 4 5 6 7 8 9

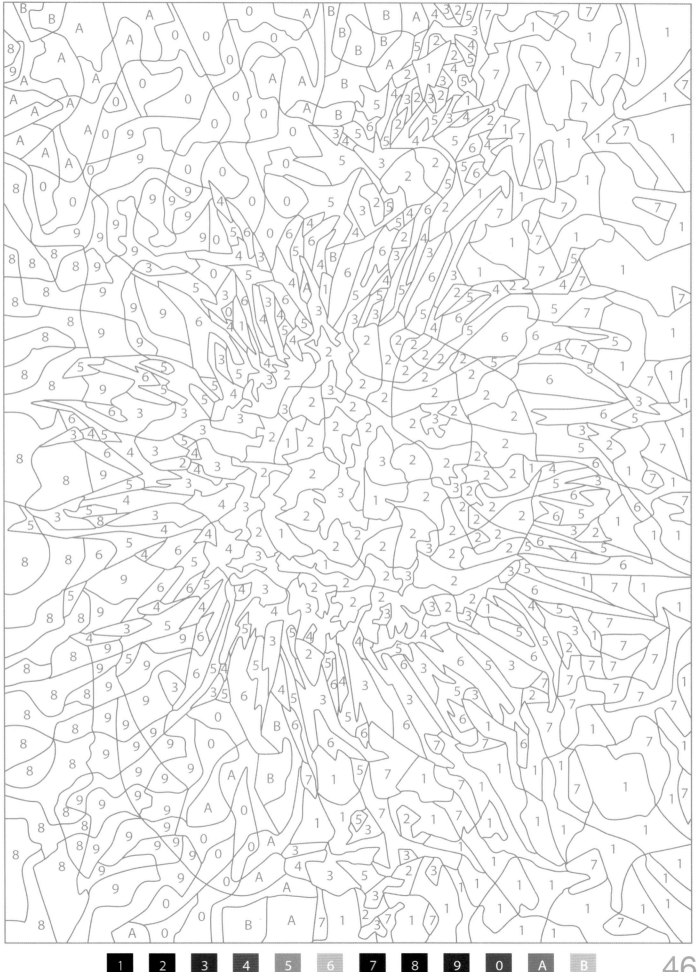

1 2 3 4 5 6 7 8 9 0 A B

48

49

50

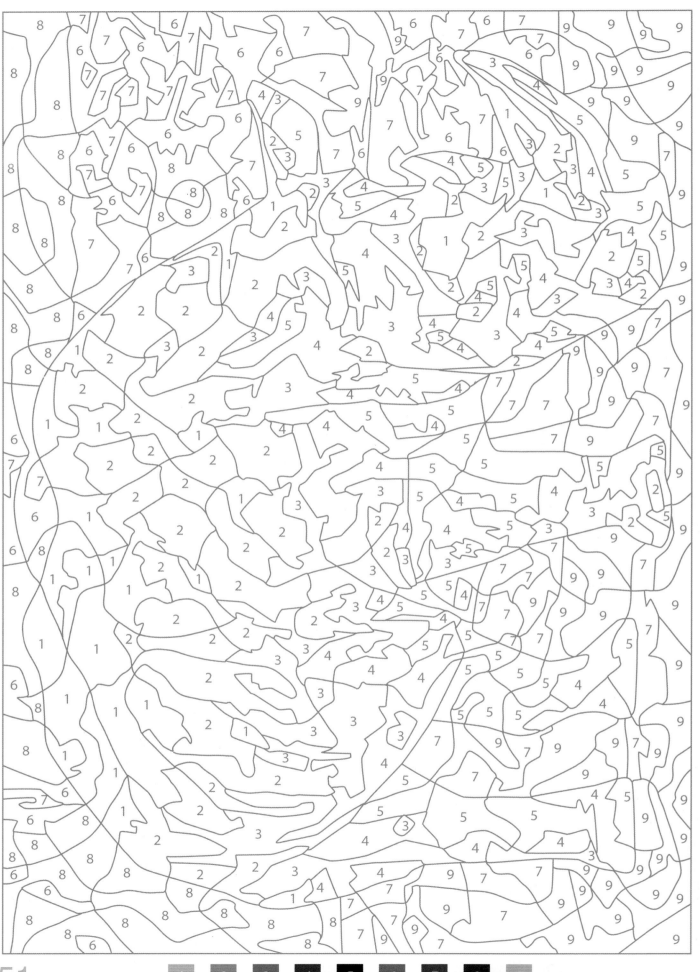

1 2 3 4 5 6 7 8 9

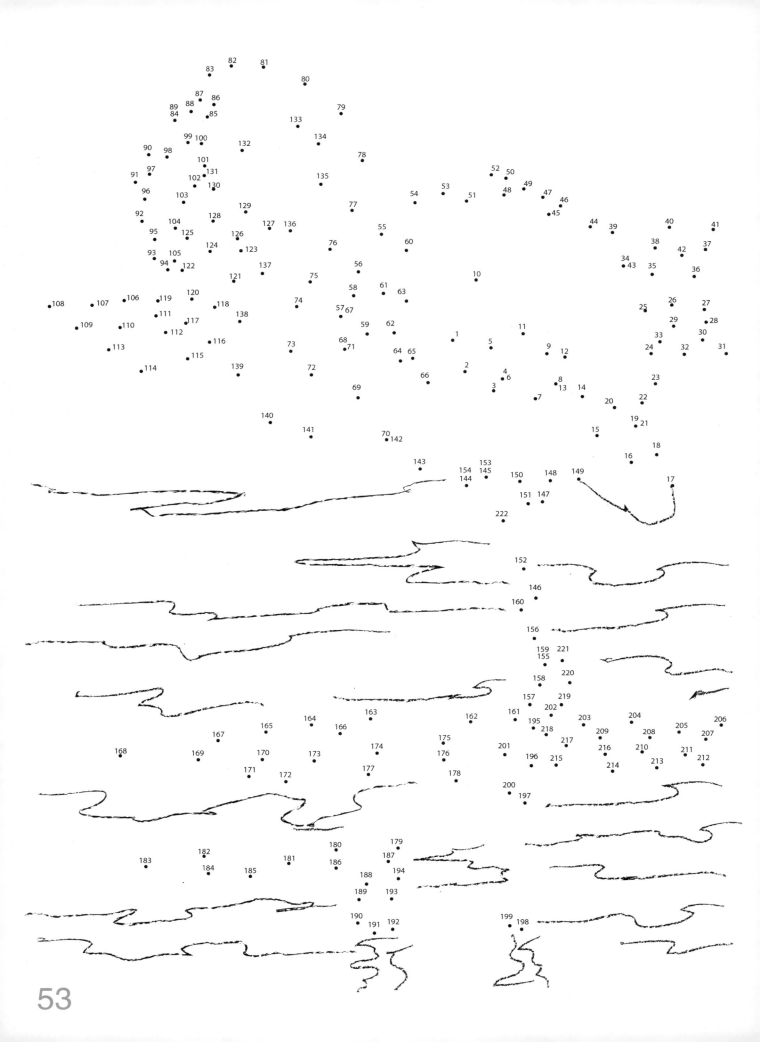

53

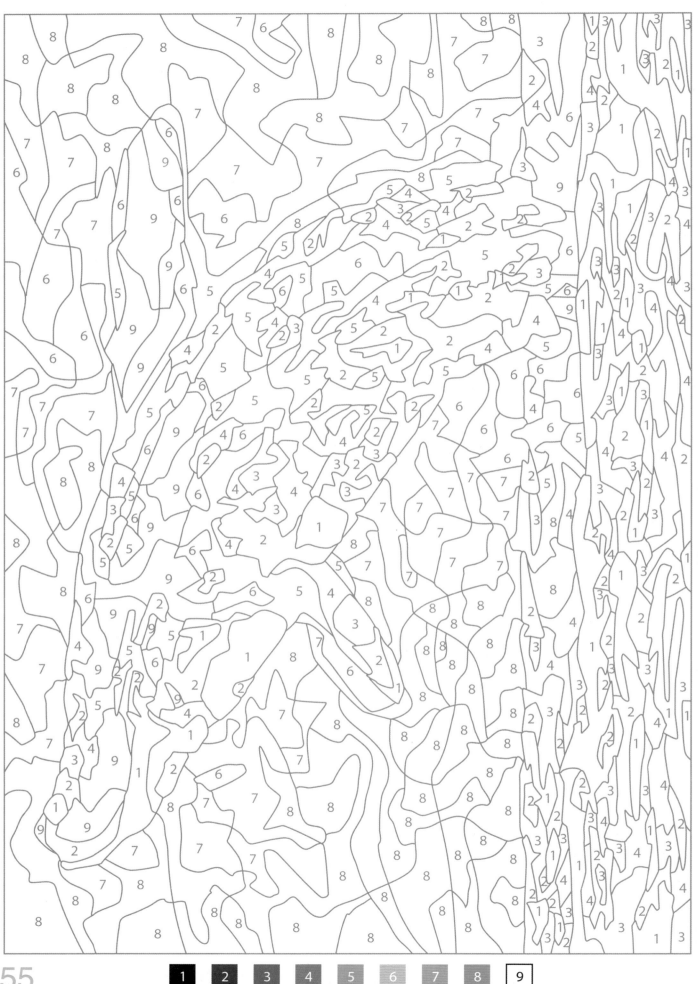

55

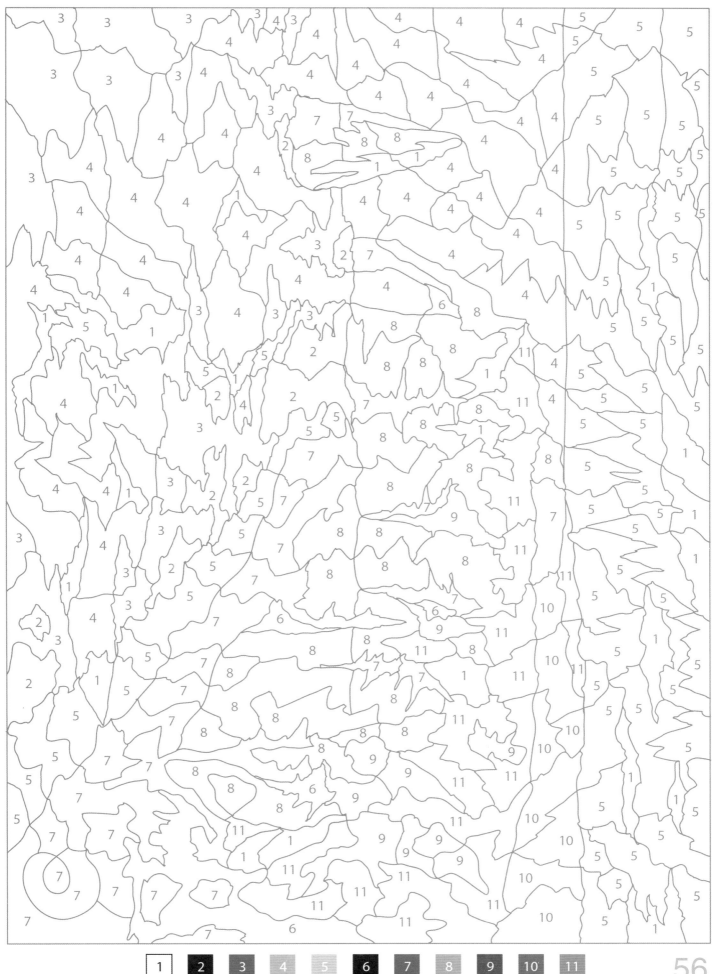

56

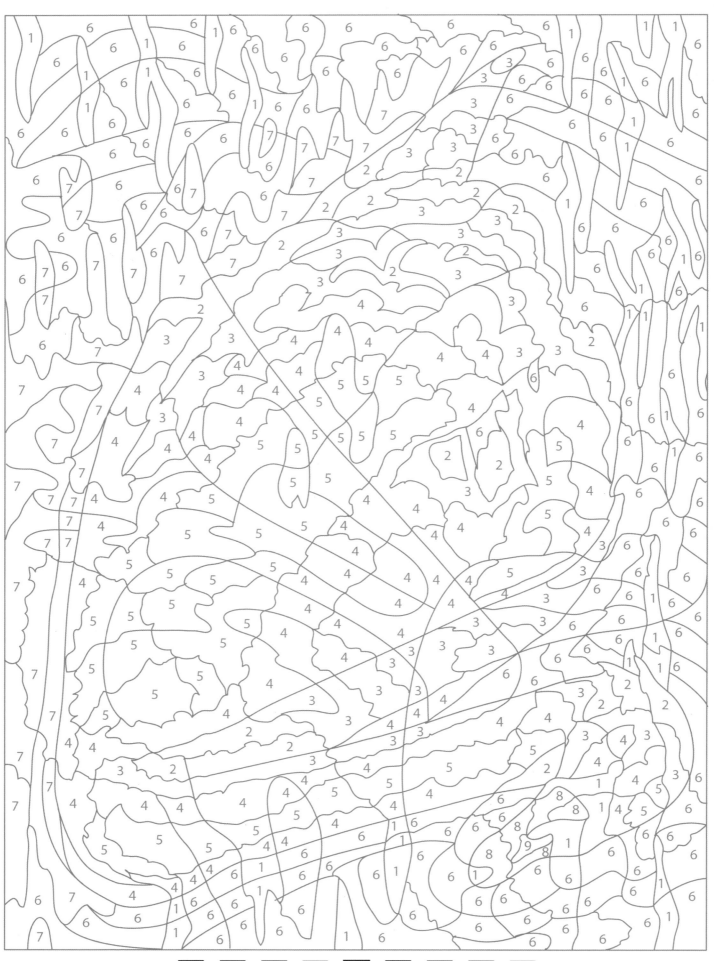

57

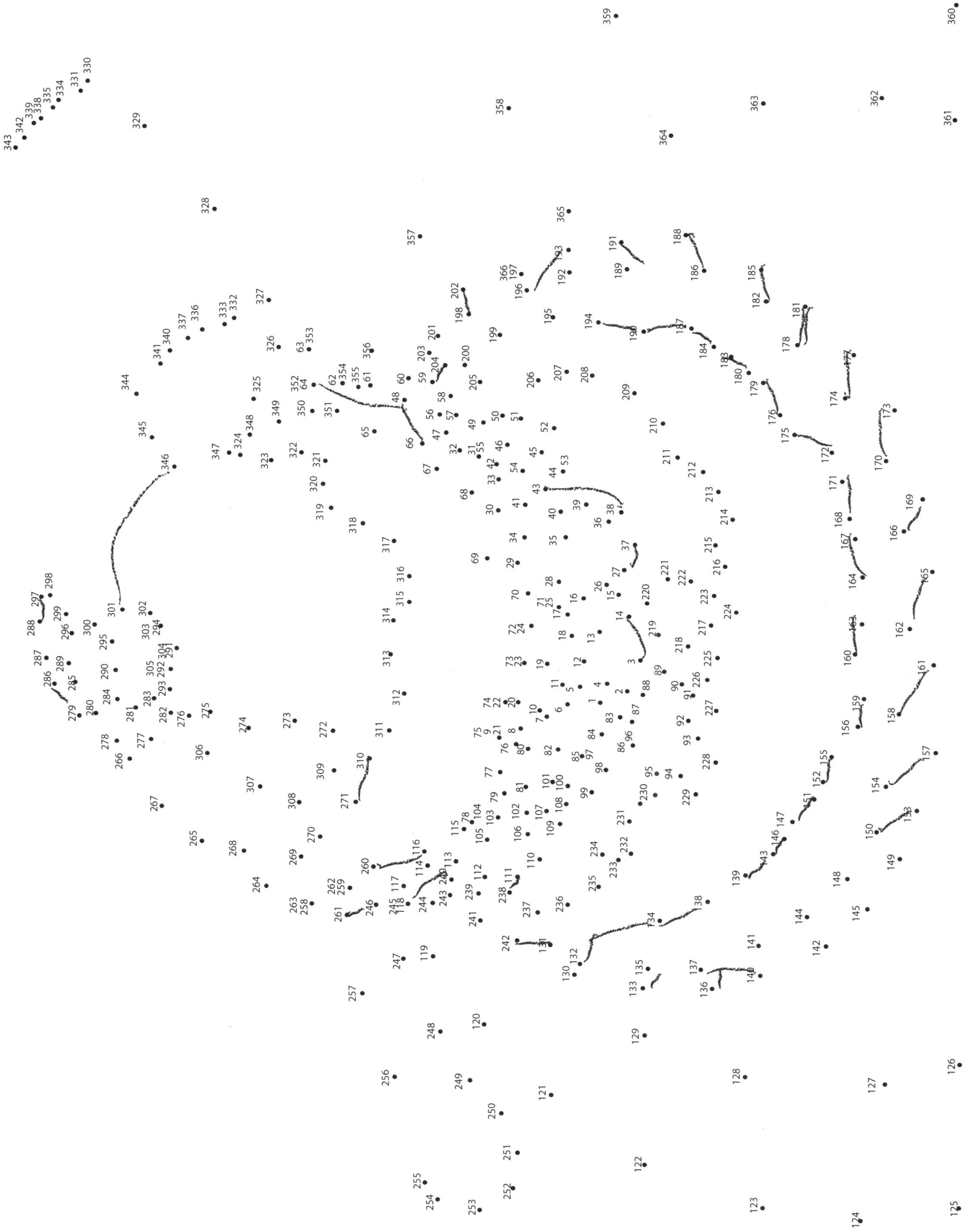

58

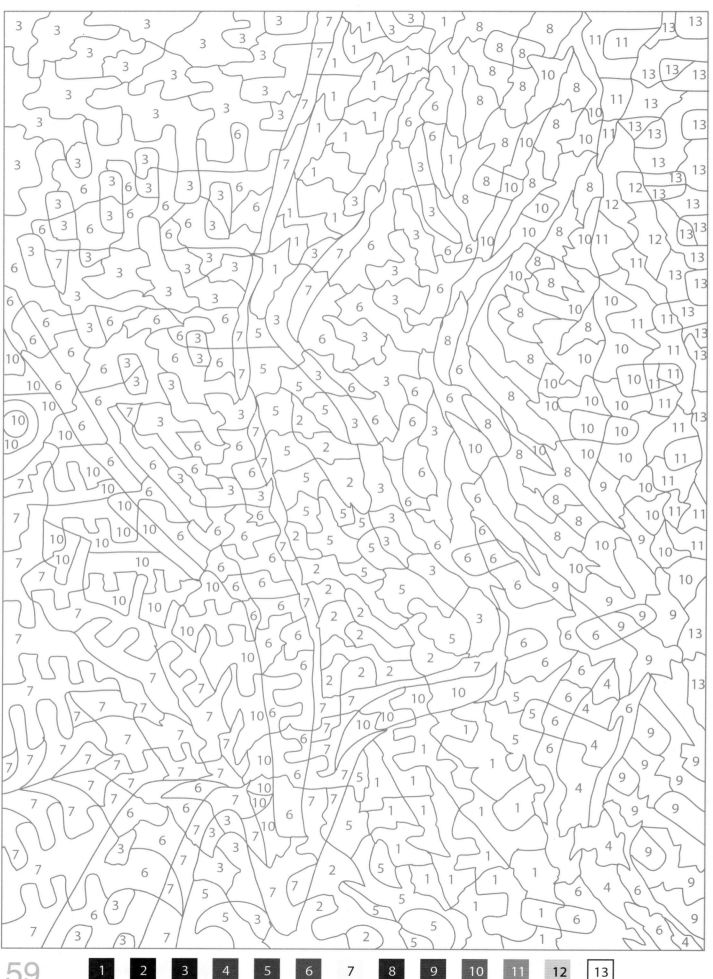

1 2 3 4 5 6 7 8 9 10 11 12 13

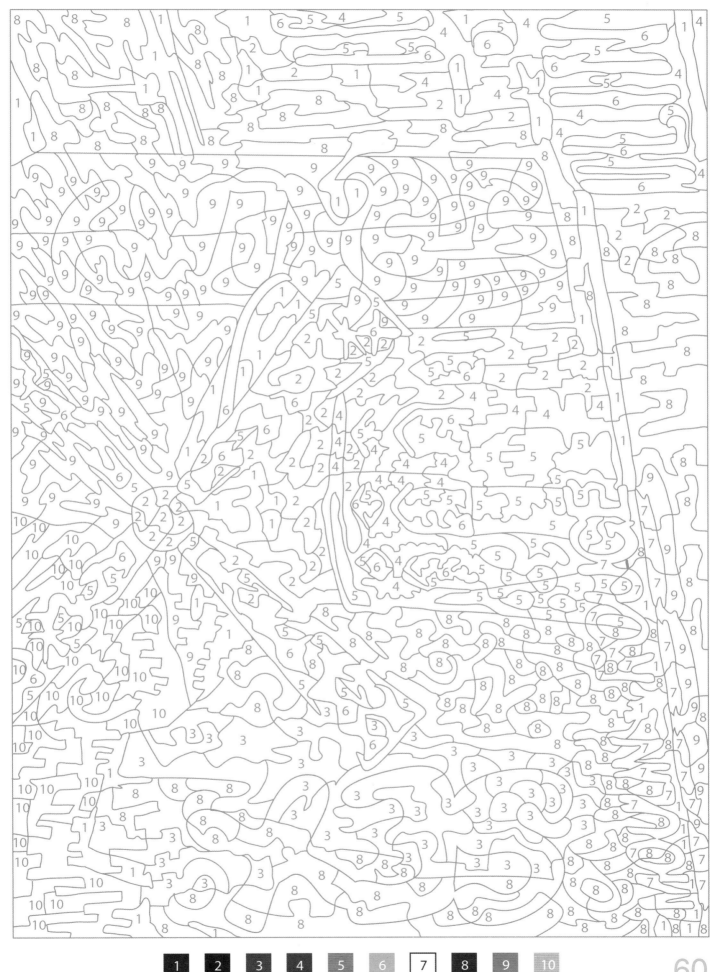

1 2 3 4 5 6 7 8 9 10

1 2 3 4 5 6 7 8 9 10 11

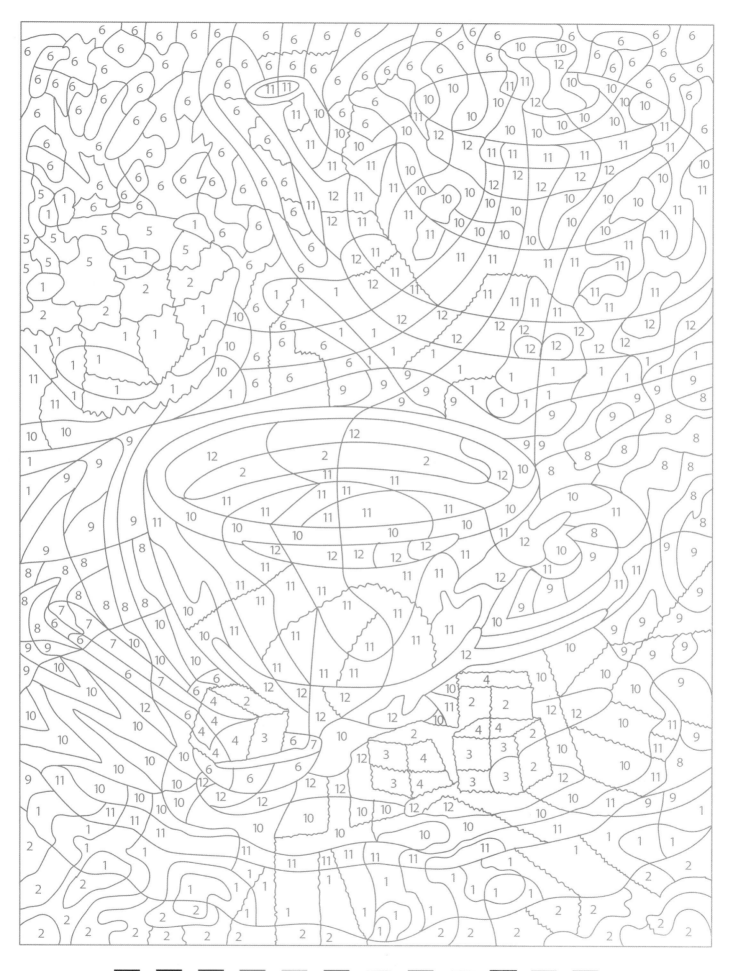

1 2 3 4 5 6 7 8 10 11 12

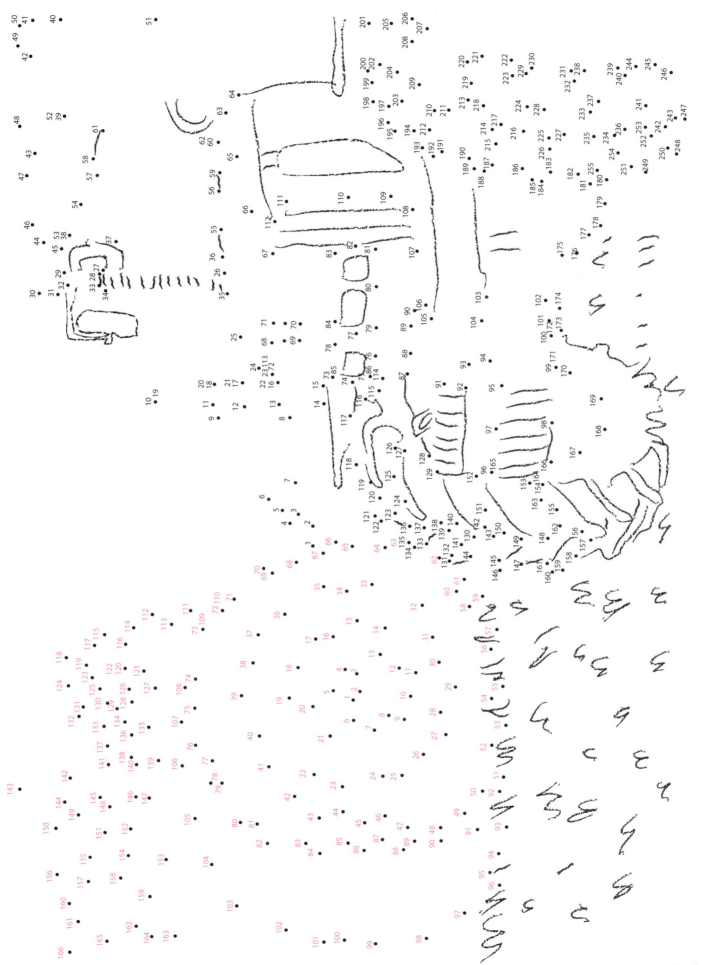

64

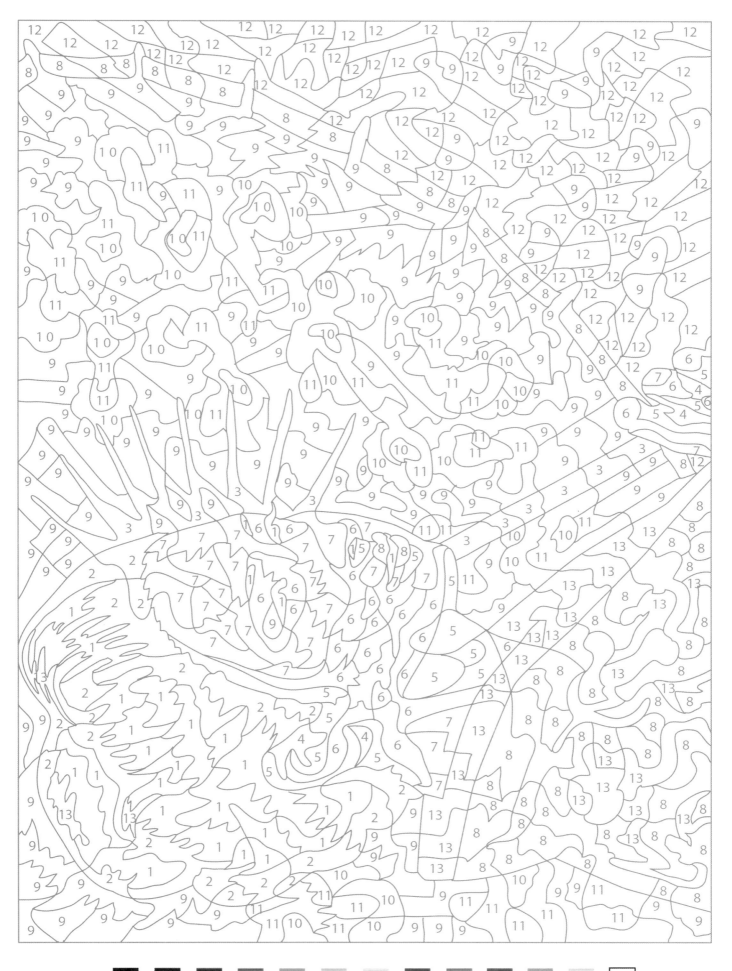

1 2 3 4 5 6 7 8 9 10 11 12 13

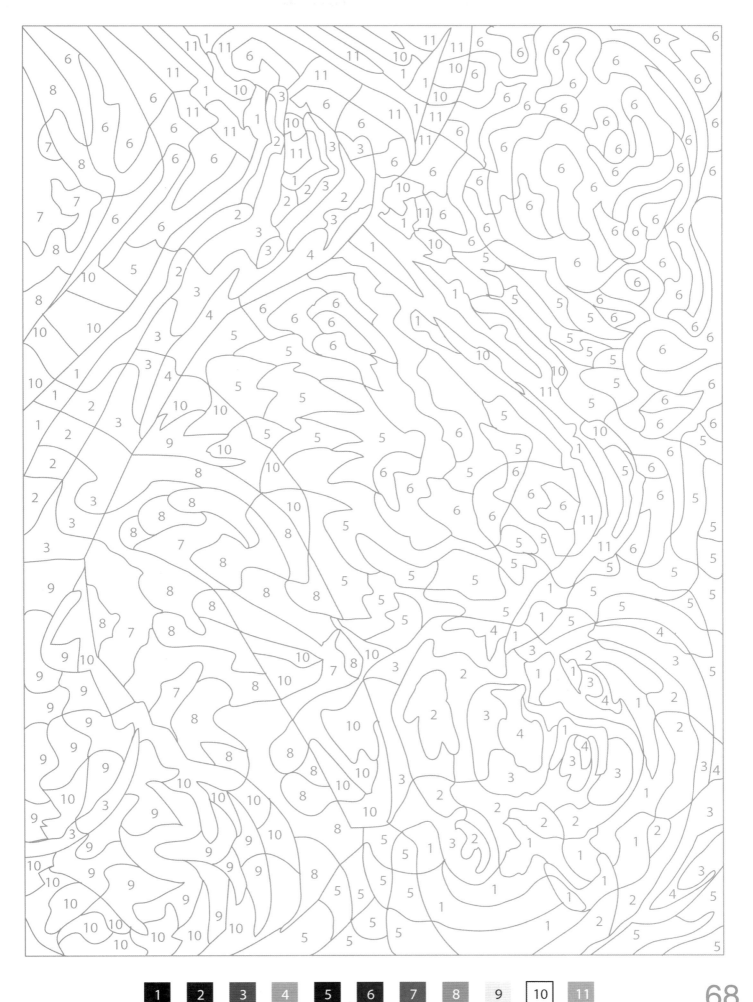

1 2 3 4 5 6 7 8 9 10 11

1 2 3 4 5 6 7 8 9 10 11 12 13

71

1 2 3 4 5 6 7 8 9 10 11 12

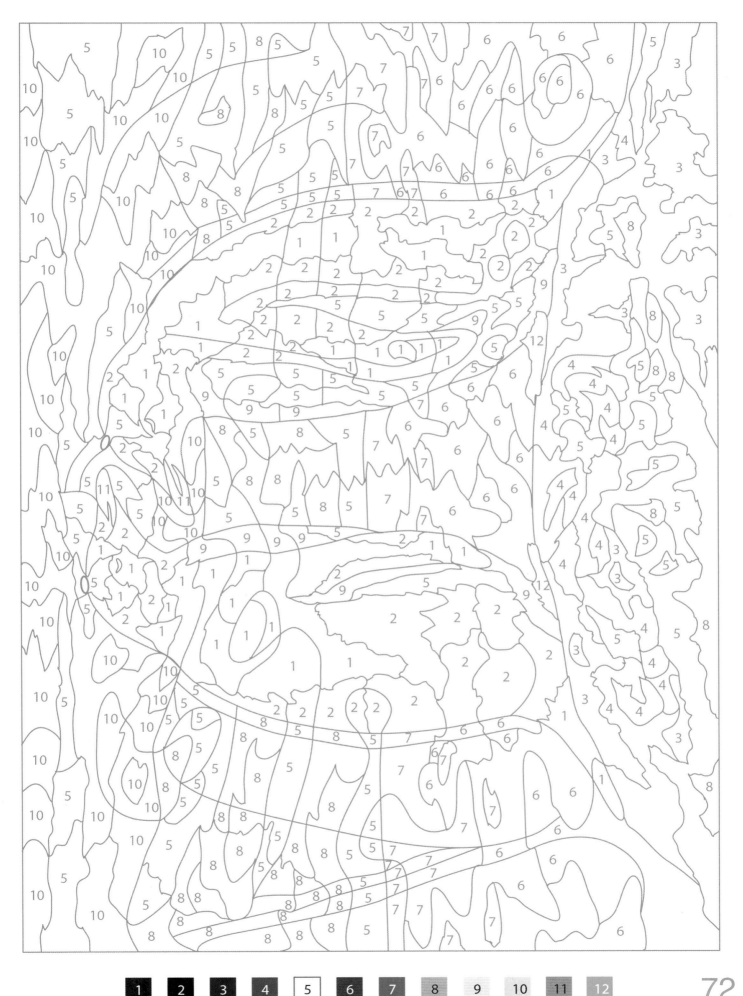

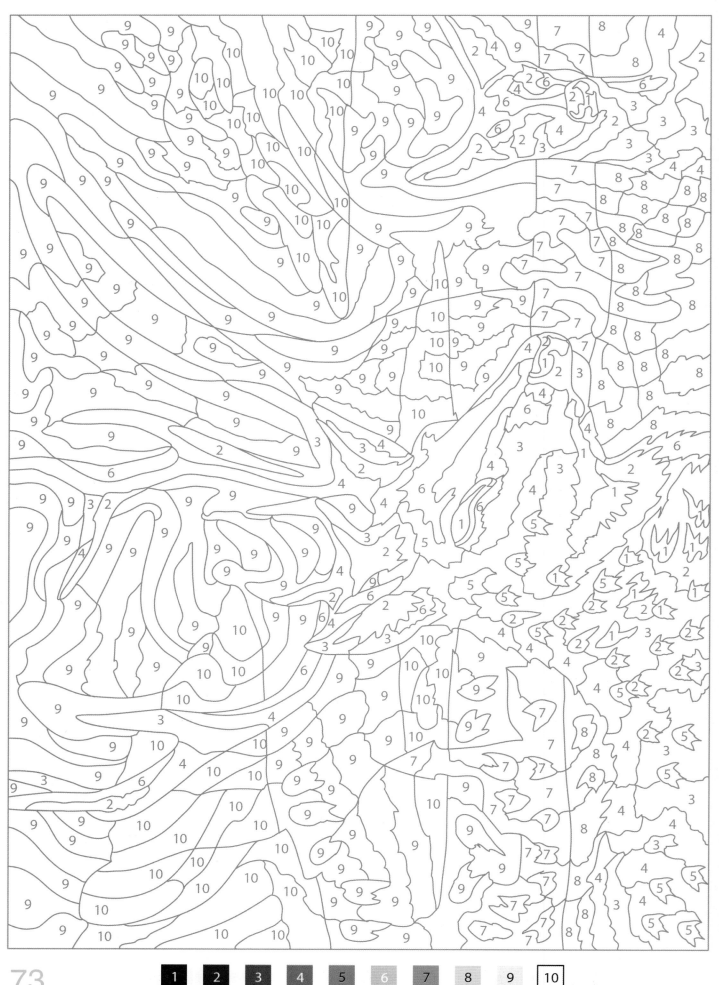

1 2 3 4 5 6 7 8 9 10

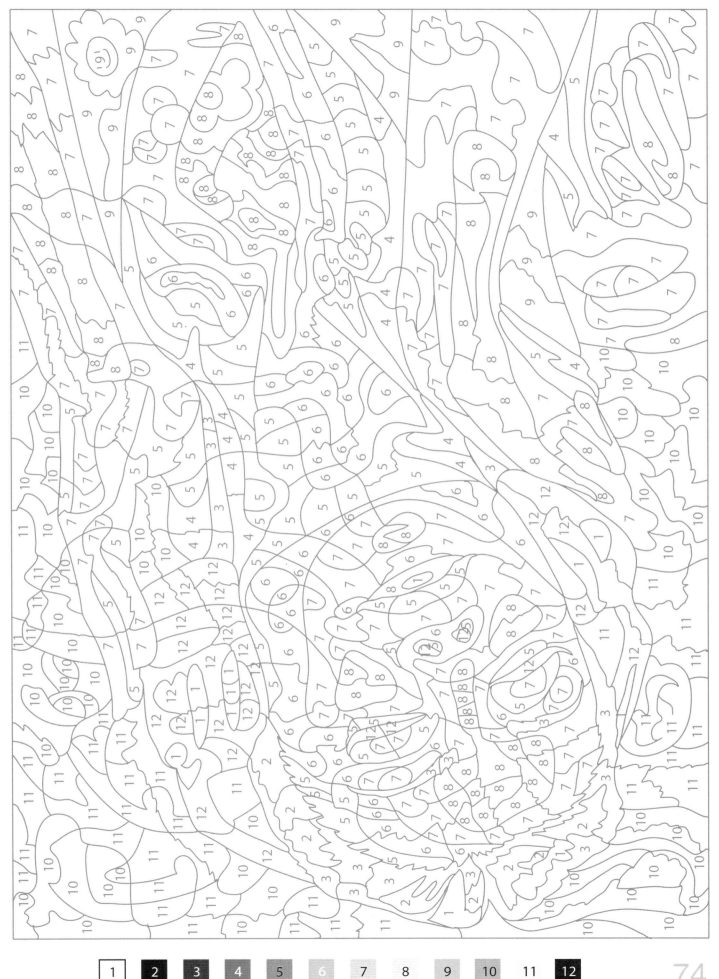

1 2 3 4 5 6 7 8 9 10 11 12

1 2 3 4 5 6 7 8 9 10 11

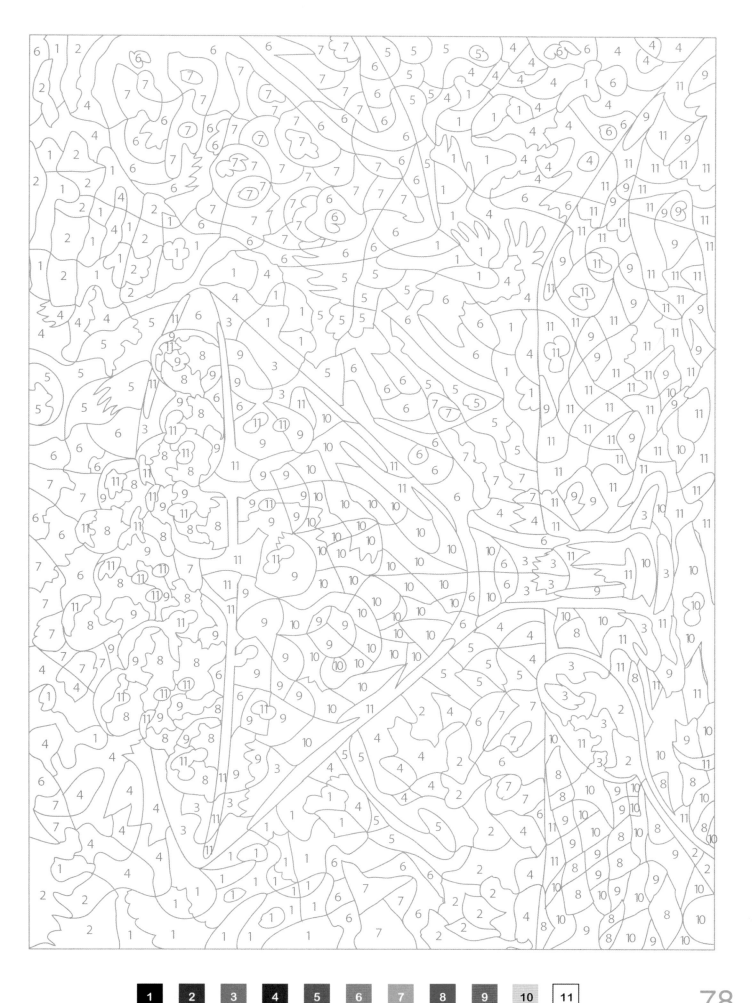

1 2 3 4 5 6 7 8 9 10 11

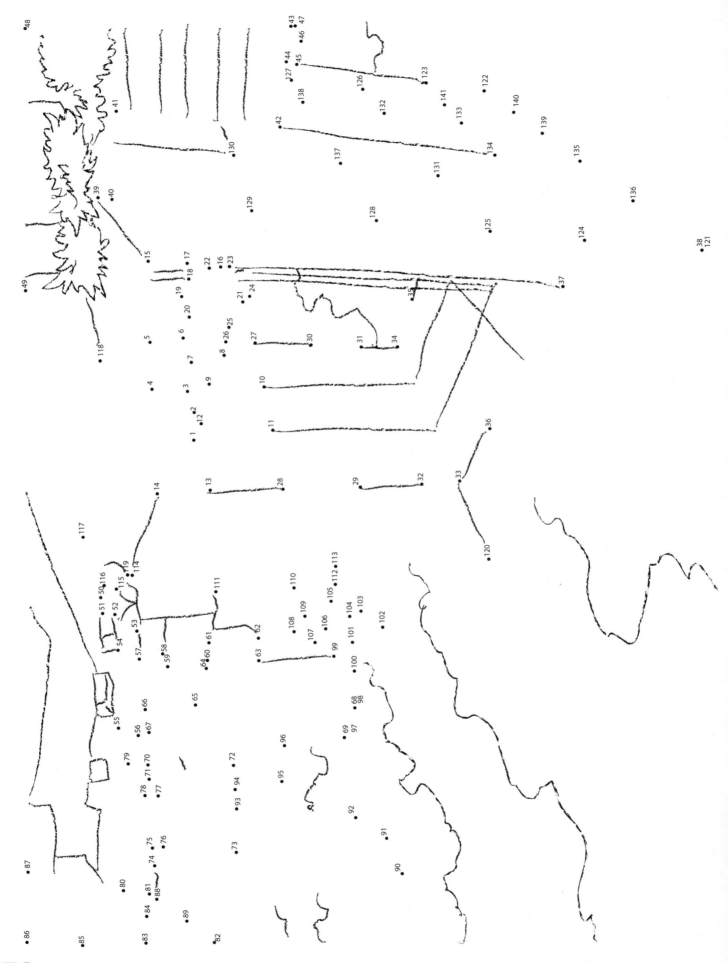

79

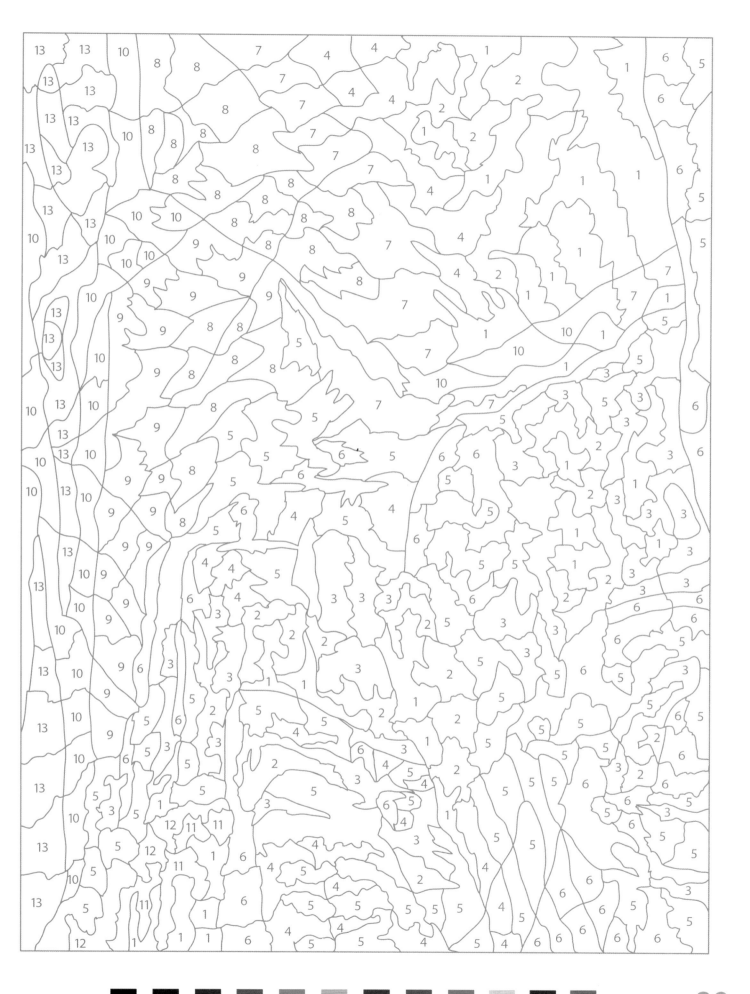

80

81

83

| 1 | 2 | 3 | 4 | 5 | 6 | 7 | 8 | 9 | 10 |

84

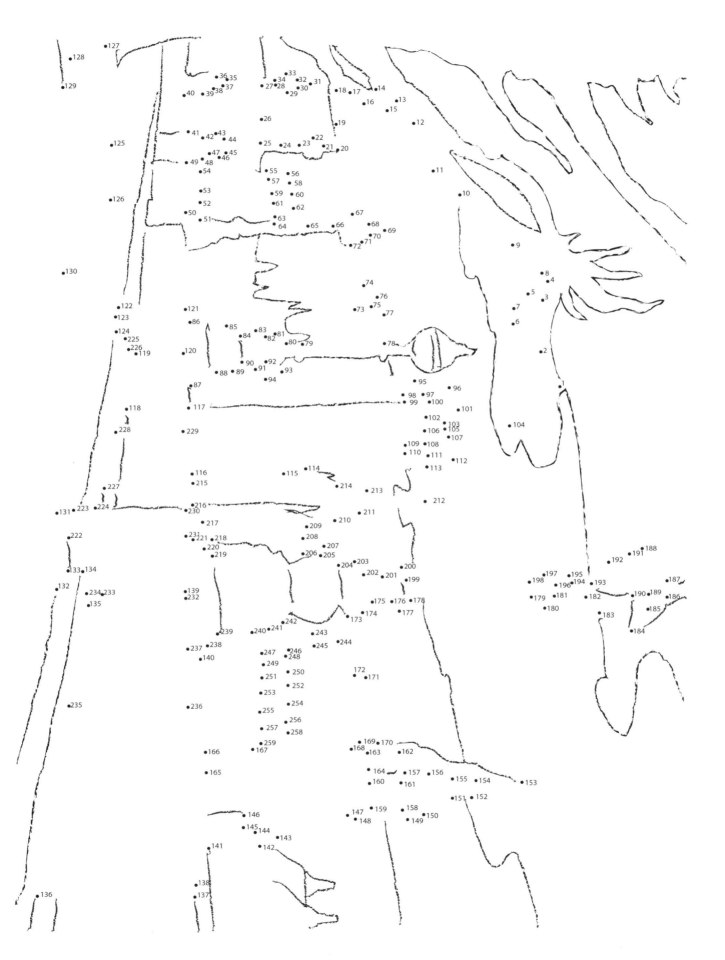

89

1 2 3 4 5 6 7 8 9 10

1 2 3 4 6 7 8 9 10 11 12

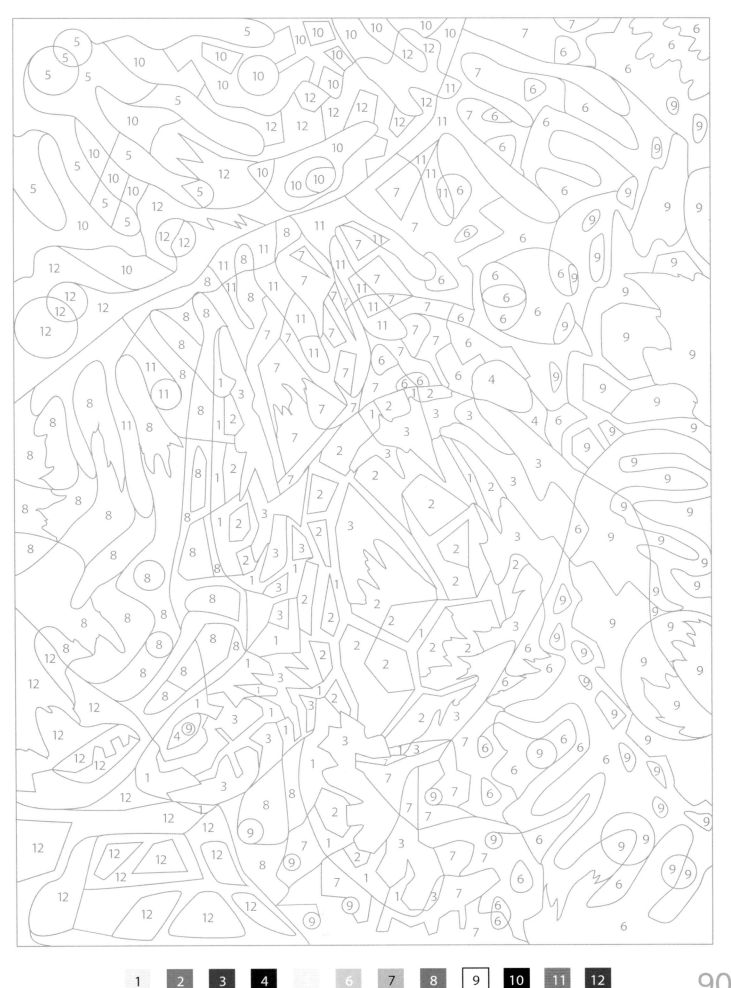

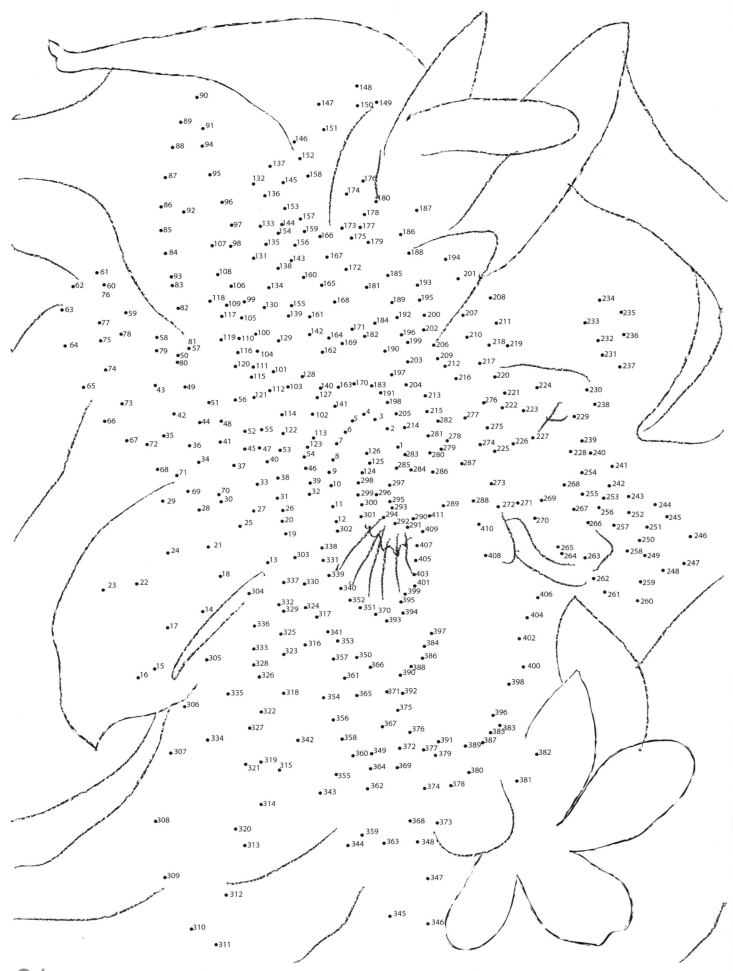

91

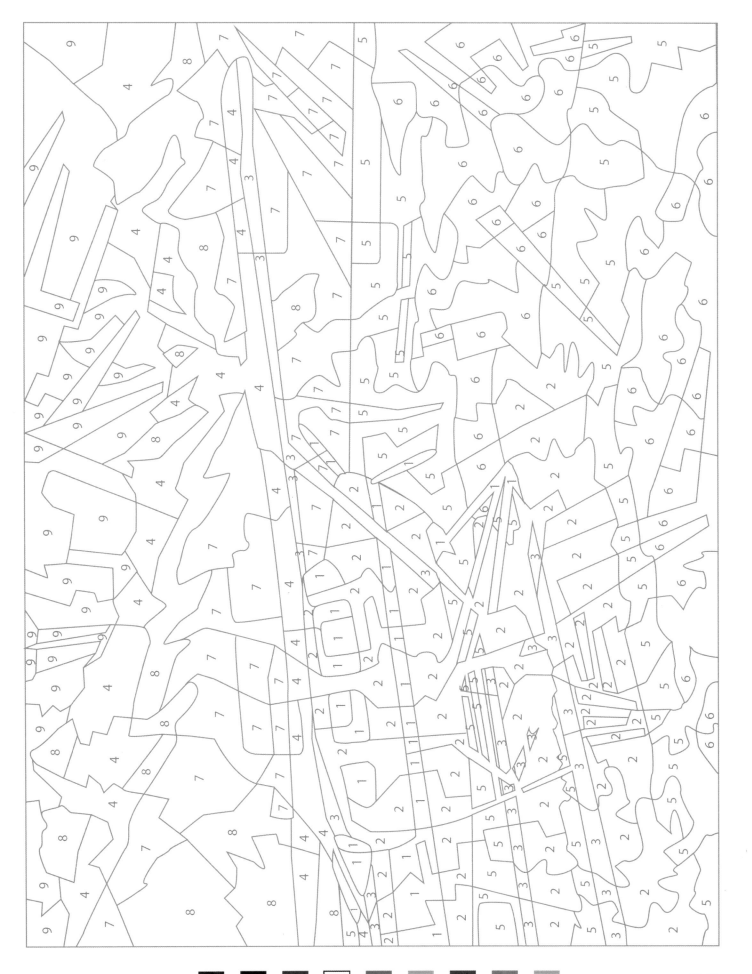

1 2 3 4 5 6 7 8 9

93

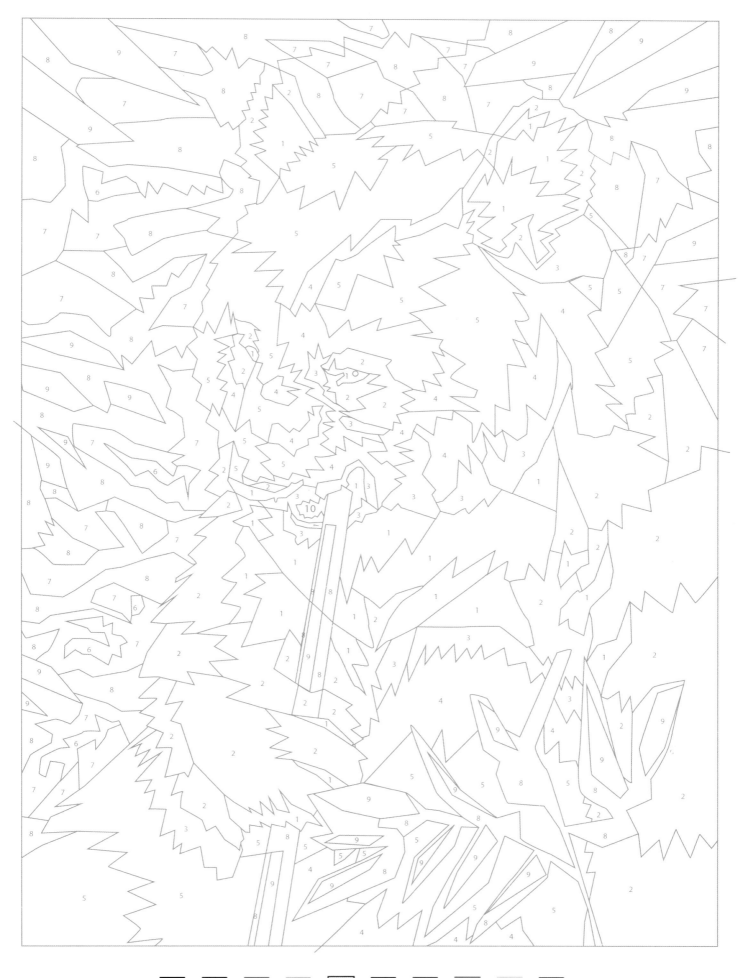

1 2 3 4 5 6 7 8 9 10

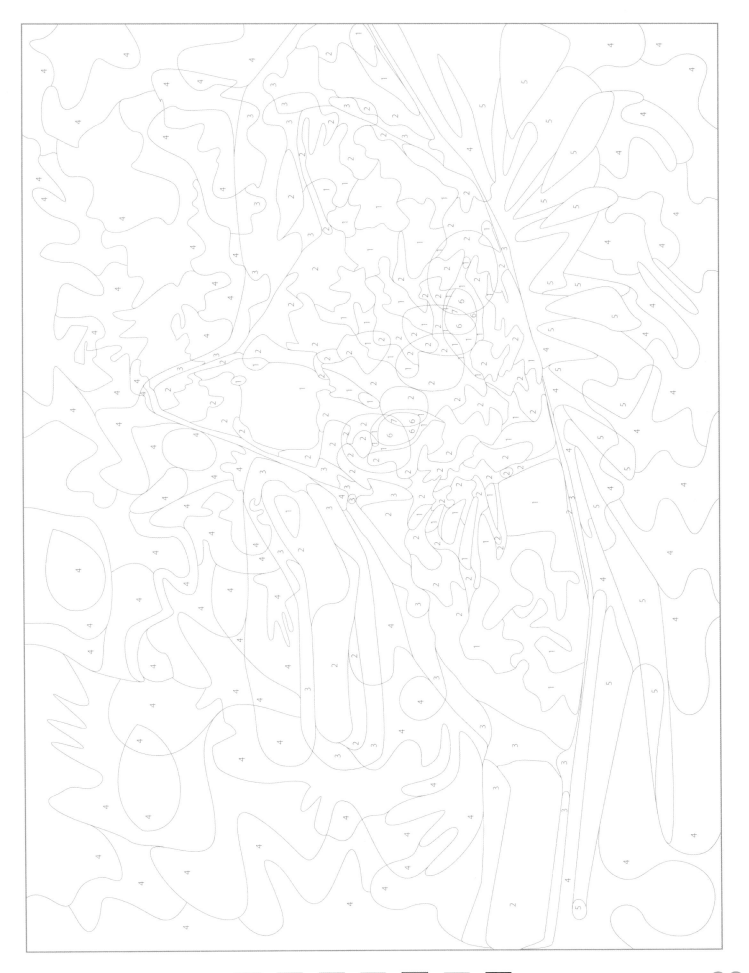

1 2 3 4 5 6 7

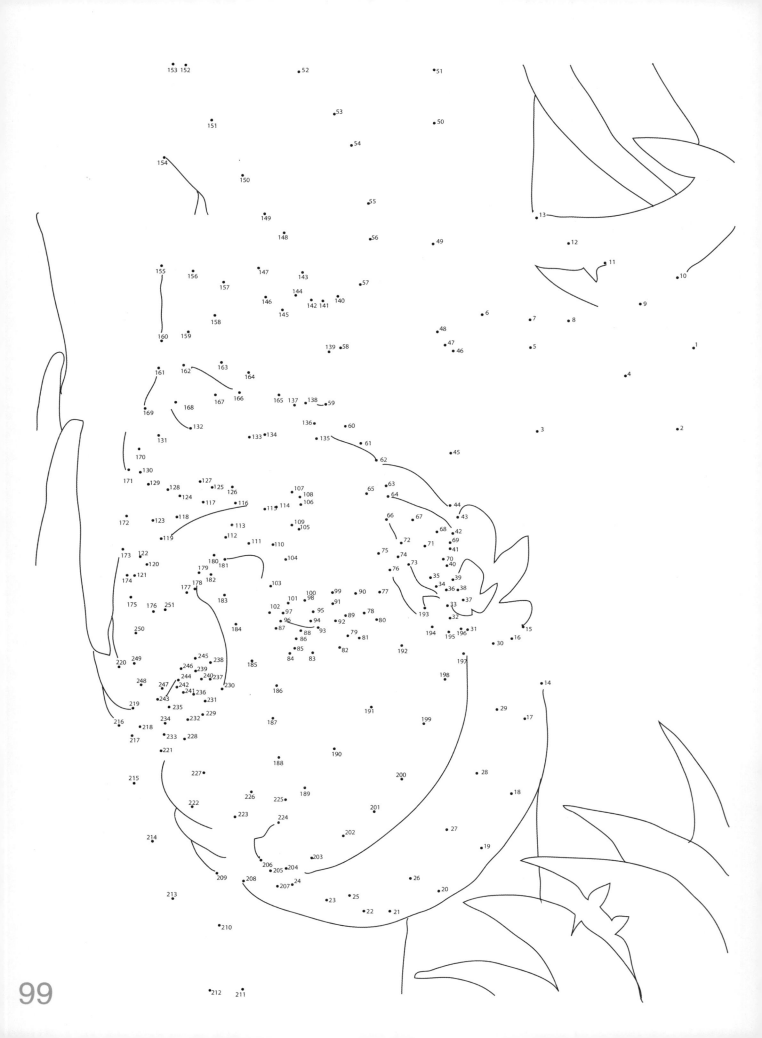

数字油画
答　案

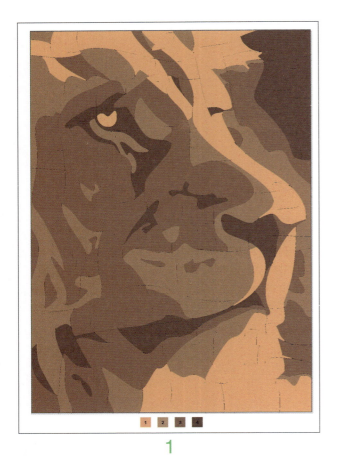

1

2

3

4

5

7

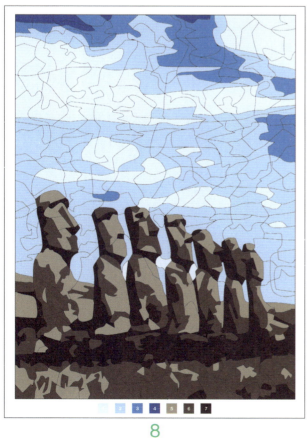

8

9

10

12

13

14

16

17

18

19

20

21

23

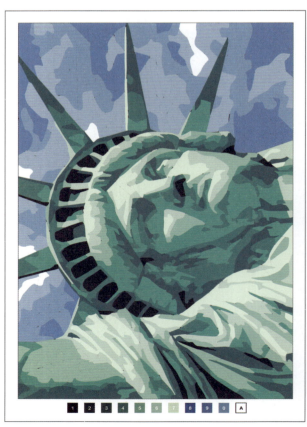

24

25

27

28

29

31

32

33

34

36

37

38

39

40

42

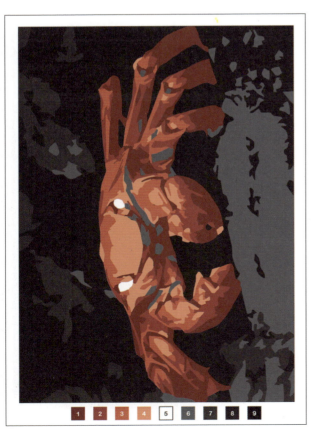

43

44

45

46

47

49

50

51

52

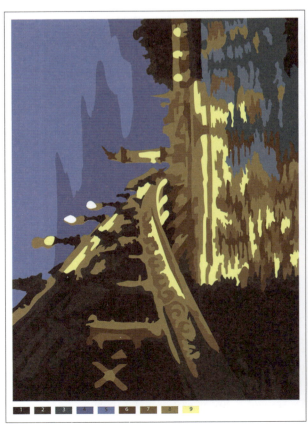

54

55

56

57

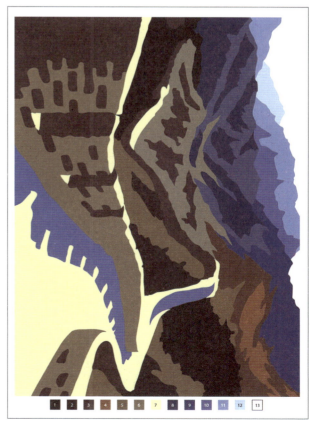

59

60

61

62

63

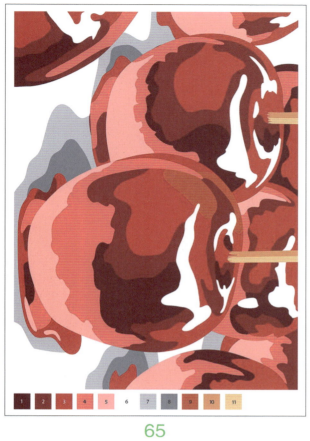

65

66

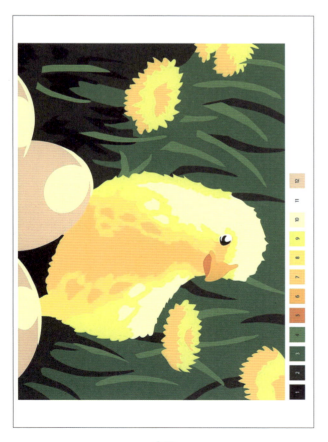

67

68

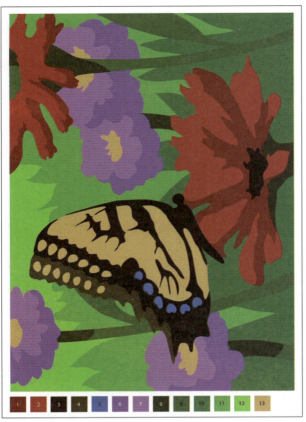

69

71

72

73

74

76

77

78

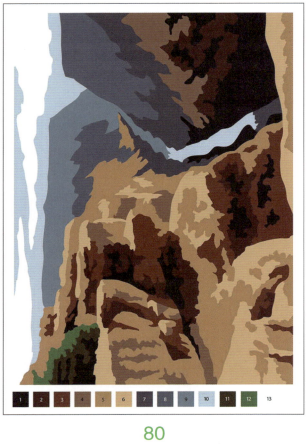

80

81

82

83

85

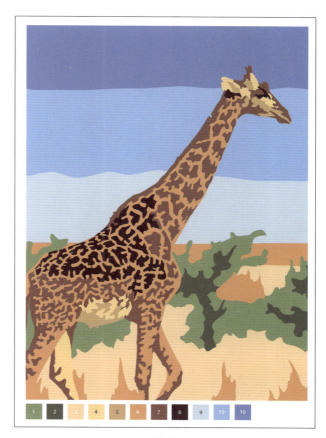

86

87

89

90

92

93

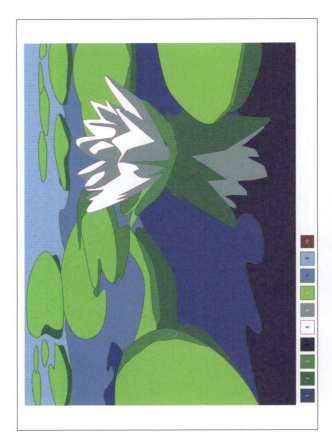

95

96

97

98

100

色点联结图
答 案